露天转地下开采岩体稳定性及岩层移动规律研究

张春雷　付玉华　著

U0315280

北　京

冶金工业出版社

2020

内 容 简 介

本文围绕露天转地下开采的岩体稳定性和岩层及地表的移动变形规律，以永平铜矿露天转地下开采为工程背景，探索因开采扰动作用下矿区应力变化规律和露天地下两个体系应力相互作用机理，从全新的视角开展工程岩体质量分级、巷道围岩爆破损伤控制、岩层移动角预测、境界顶柱厚度和采场结构参数优化等方面的研究工作，为露天转地下开采矿山提供技术支持。

本书可供岩体开采相关科技人员、教师与学生学习或参考。

图书在版编目(CIP)数据

露天转地下开采岩体稳定性及岩层移动规律研究/张春雷，付玉华著. —北京：冶金工业出版社，2020.7
　　ISBN 978-7-5024-8572-6

Ⅰ.①露… Ⅱ.①张… ②付… Ⅲ.①铜矿床—金属矿开采—地下开采—岩体—稳定性—研究—铅山县 ②铜矿床—金属矿开采—地下开采—岩层移动—研究—铅山县 Ⅳ.①TD862.1

中国版本图书馆 CIP 数据核字（2020）第 119789 号

出 版 人　陈玉千
地　　　址　北京市东城区嵩祝院北巷 39 号　邮编　100009　电话　(010)64027926
网　　　址　www.cnmip.com.cn　电子信箱　yjcbs@cnmip.com.cn
责任编辑　杨盈园　王　双　美术编辑　郑小利　版式设计　禹　蕊
责任校对　王永欣　责任印制　禹　蕊
ISBN 978-7-5024-8572-6
冶金工业出版社出版发行；各地新华书店经销；三河市双峰印刷装订有限公司印刷
2020 年 7 月第 1 版，2020 年 7 月第 1 次印刷
169mm×239mm；10 印张；195 千字；150 页
68.00 元
冶金工业出版社　投稿电话　(010)64027932　投稿信箱　tougao@cnmip.com.cn
冶金工业出版社营销中心　电话　(010)64044283　传真　(010)64027893
冶金工业出版社天猫旗舰店　yjgycbs.tmall.com
（本书如有印装质量问题，本社营销中心负责退换）

前　言

受资源稀缺影响，许多矿山露天开采进入深部后就要转向地下开采，目前国内正在或即将要露天转地下开采的矿山较多，人们对露天转地下开采次生应力场对岩体力学场的影响机理和复合扰动下的岩体移动规律和稳定性的研究还不够，露天转地下开采技术研究工作已滞后生产的需求。因此，有必要针对这类矿山开展全面系统的研究，寻找露天转地下开采的合理方法和途径，将是我国采矿工作者今后一段时间工作的重点之一。本书主要研究内容如下：

应用 Fisher 判别理论，选取单轴抗压强度（R_c）、岩体声波纵波速度（V_p）、体积节理数（J_v）、节理面粗糙度系数（J_r）、节理面风化变异系数（J_a）、透水性系数（W_k）6 个参数作为岩体质量分级判别指标，利用实际监测数据作为样本，建立岩体质量分级的 FDA（fisher discriminant analysis）分析模型，并将该方法应用到永平铜矿露天边坡岩体质量分级。结果表明，FDA 分析模型判别指标选择全面合理，回判估计的误判率很低、判别精度高、分类性能良好，有效降低了人为因素的影响，是岩体质量等级分类的一种有效方法，可在实际工程中推广应用。

有别于传统方法，本书通过减小巷道掘进过程中爆炸荷载降低对围岩的损伤，改善围岩应力分布状态以提高巷道的稳定性能。基于爆炸应力波和爆生气体综合作用理论，考虑了炸药性能、岩石条件、原岩应力和光爆层损伤影响，作者提出了一个考虑因素全面、适用性广、爆破效果好的光面爆破参数理论计算公式。实例证实，该方法可有效改善爆破效果，控制和减小巷道围岩爆破损伤，为提高巷道的稳定性能提供了一个积极的、主动的、有效的措施，可在岩体工程中推广应用。

通过分析粗糙集和神经网络的基本原理和特点，将粗糙集和神经网络有机地结合起来，取长补短，建立了粗糙集-人工神经网络预测模型。根据34组实测岩层移动样本数据，利用所建立的粗糙集-人工神经网络预测模型，构建了稳定可靠的粗糙集-BP神经网络岩层移动角预测模型，用于永平铜矿露天转地下开采岩层移动角的预测。粗糙集-人工神经网络岩层移动角预测模型的建立，为各种条件地下开采岩层移动角的预测提供了一个全新可靠的途径。

在岩体质量分级获得岩体参数的基础上，通过 MIDAS、SURPAC 和 CAD 等软件建立了如实反映实体模型的数值计算模型，采用 FLAC 3D 有限差分计算软件，将永平铜矿露天转地下开采的境界顶柱和采场结构参数作为一个有机整体进行研究，根据12种参数方案模拟开采过程中岩体应力场、位移场、剪应变增量和塑性区的变化规律，提出最优的境界顶柱厚度为50m，采场宽度为18m，为实现矿山安全高效生产提供了参考。

本书在12种参数方案分析的基础上，重点讨论了最优方案的岩体移动规律和稳定性，采用数值方法计算初步设计方案岩层移动角，并与经验法和粗糙集-神经网络法结果进行比较。分析表明，露天转地下开采是一个复合动态变化系统，其应力场在一定范围内相互叠加，相互作用明显，并提出将边坡岩体按应力分成三个区段的概念，其位移均指向采空区，随开挖面的增大而增大，顶柱以中间位置位移最大，边坡岩体以坡脚处位移最大。按最佳方案生产安全，资源回收率高，矿山初步设计方案安全性能非常高，但开采效率低，资源浪费严重。

永平铜矿的实践成果能很好地适用于其他露天转地下开采工程，其理论有利于露天转地下开采工艺的推广使用，对于其他岩体工程也有重要的参考价值。

由于作者水平所限，不足之处，恳请读者批评指正。

作　者
2020 年 4 月

目　录

1 绪 论

1.1 背景及意义

1.1.1 背景

西方工业发达国家在 20 年间（1970~1990）矿山总数从 1020 座增加到 1200 座，增加了 17.6%，而露天转地下的矿山从 48 座增加到 98 座，增长了 104%[1]。我国金属资源的开采以露天方式为主。受资源稀缺影响，许多矿山露天开采进入深部后转向地下开采。目前国内正在或即将要露天转地下开采的矿山较多[2]。已经或正在进行露天转地下开采的矿山有通钢板石沟铁矿、唐钢石人沟铁矿、江苏冶山铁矿、广西大新锰矿、河北建龙铁矿、连城锰矿、河南银洞坡金矿、安徽新桥硫铁矿、铜山铜矿和凤凰山铜矿等；即将进行露天转地下开采或露天与地下联合开采的矿山主要有新钢雅满苏铁矿、四川泸沽铁矿、永平铜矿等。

目前，人们对单一的露天开采和地下开采已做了大量的研究和实践，对单一露天开采边坡岩体的稳定性及变形规律和单一地下开采上覆岩体稳定性及地表变形规律有了深刻的认识，但对露天转地下开采次生应力场对岩体力学场的影响机理和复合扰动下的岩体移动规律的研究还不够。

露天转地下开采（或联合开采）的特点是矿压显现复杂[3,4]。这是因为应用联合开采工艺会形成一个露天开采、境界矿柱和挂帮矿开采、深部矿体地下开采的形状十分复杂的统一采空区。采空区地质力学过程的特点是，同一岩体区段上受到数个应力场的作用，使应力与变形状态很不均匀，将给露天转地下开采时带来一系列矿压问题。

王运敏[5]认为，我国露天开采转入地下开采技术研究工作已滞后于生产的需求。因此，针对这些矿山开展全面系统的研究，寻找露天转地下开采的合理方法和途径，将是我国采矿工作者今后一段时间工作的重点之一。

1.1.2 意义

随着国民经济和社会的持续快速发展，对金属资源的需求保持了继续增长的态势，对矿山生产下环境保护的要求也不断提高。然而，当前金属矿山开采正朝向深部化、难采化方向发展。露天转地下（联合）开采技术的深入研究和推广，是矿山企业开展安全生产、提高资源采出率的有力保障，是延长矿山服务年限、提高企业效益的可行发展方向，具有十分重要的社会和经济意义。

1.2　国内外相关问题研究进展

露天转地下开采技术在国外有较系统的研究，并且积累了较为丰富的实践经验，而国内无论是在基础理论上还是在技术内涵、适应条件的研究上均不太成熟，还处于不断的探索之中。

1.2.1　国内外露天转地下开采实例

1.2.1.1　国内露天转地下开采实例

国内露天转地下开采的研究和实践起步较晚，始于 20 世纪 70 年代。采用露天转地下开采的矿山主要有江苏的凤凰山铁矿和冶山铁矿、安徽的铜官山铜矿、湖北的红安萤石矿、甘肃的白银折腰山铜矿、江西的良山铁矿、浙江的漓渚铁矿和山东的金岭铁矿、河北遵化的程家沟铁矿、厂坝铅锌矿、大冶铁矿和唐钢石人沟铁矿等。近 40 年来，国内露天转地下开采的矿山虽然不多，但是通过试验和研究也积累了很多宝贵的经验，为我们进一步研究适合我国露天转地下开采的方法和手段创造了条件。

近年来，对大冶铁矿和石人沟铁矿露天转地下开采的报道较多。大冶铁矿露天转地下开采的对象为狮子山、尖山-168m 标高以上露天采场境界外的矿体。狮子山矿体呈 NWW 向分布，走向长 430m，矿体形态与产状变化大；尖山矿体呈 NW 向分布，走向长 920m，矿体形态及产状变化较大。地下开采采用无底柱分段崩落法，首采段为 48～-24m 三个分段的挂帮矿体，其侧面是充填废石，上方是高陡边坡。

石人沟铁矿于 1975 年 7 月建成投产，采用露天开采，以 16 线为界将采区分为南北两个采区。矿体走向近似南北，走向长 1400m，矿体平均厚度为 9.7m，倾角为 50°～70°，属急倾斜矿体。目前，南区露天开采已经结束，用作矿山内部排土场，排土场最高标高为+140m（露天坑底标高范围为+16～+25m）；北区仍在进行露天开采，但开采规模降为 50×10⁴t/a。地下开采首采区选择在南区 16～30 线-60m 中段，矿块从 16 线向南沿矿体走向布置，每 50m 作为一个矿房，矿块划分为 50m×60m 一个。采矿方法采用空场法，采场结构参数：境界矿柱高 6m，底柱高 6m，分段高度 10m，矿块宽度同矿体厚度，间柱支撑境界矿柱，间柱宽度 8m。矿体回采顺序：先采上盘后采下盘矿体，同一层矿体自回风井后退式开采。

1.2.1.2 国外露天转地下开采实例

国外露天转地下开采的矿山较多，涉及的矿山有金属矿山、非金属矿山和煤矿等，如瑞典的基鲁纳瓦拉矿、南非的科菲丰坦金刚石矿、加拿大的基德格里克铜矿、芬兰的皮哈萨尔米铁矿、苏联的阿巴岗斯基铁矿、澳大利亚的蒙特莱尔铜矿等[6,7]。

1.2.2 露天转地下开采相关问题研究现状

我国露天转地下开采研究起步较晚，徐长佑[6]于 1990 年出版了我国第一部较系统介绍露天转地下开采技术的专著，论述了露天与地下联合开采的方式、工艺特点，研究和分析了深部露天利用地下巷道联合开拓的技术经济评价，提出了露天转地下开采时，坑内采矿方法与露天残留矿柱回采法的方案与使用范围，确定了坑内采矿法采场合理结构参数与露天坑底顶柱厚度的理论和经验计算公式，提出了露天转地下矿山提高经济效益的途径。近年来，随着露天转地下开采规模的不断扩大，相关工艺和技术的研究得到更多重视。

有关采场结构参数方面的研究：甘德清[8]通过建立有限元模型，就程家沟铁矿露天转地下的采场结构参数及回采顺序进行了研究；韩现民等人[9]通过正交试验设计出了 9 种地下采场结构参数方案，采用有限元法对露天转地下矿山边坡稳定性进行数值模拟，并对影响稳定性因素进行敏感度分析；李占金、韩现民、甘德清等人[10]对石人沟铁矿露天转地下过渡期采场结构参数进行了研究。

有关境界顶柱方面的研究：胡伟等人[11]研究了露天和地下联合开采设置安全保留层的参数计算与优化问题；李元辉等人[12]采用极限平衡和数值模拟方法，研究了露天转地下境界矿柱的稳定性；马天辉、唐春安[13]对露天转地下开采中顶柱稳定性进行了分析研究；许宏亮、杨天鸿、朱立凯[14]应用 FLAC 3D 研究了司家营铁矿Ⅲ采场露天转地下境界顶柱合理厚度。

有关回采顺序和开采方案的研究：甘德清[15]研究了建龙铁矿露天转地下过渡期联合开采方案；王进学等人[16]就眼前山露天转地下开采的生产能力、开采方式、地下开采首选区的选择、采矿方法的选择进行了较系统分析；和平贤[17]阐述了大新锰矿露天转地下开采顺序方案的基本思路与对策；宋卫东、王佐成、宫东峰[18]采用 FLAC 3D 分析软件，对不同回采顺序对边坡稳定性的影响进行了三维数值模拟分析，研究了采场顶底板和坡面围岩的变形、塑性区和应力分布特征及规律。

有关生产能力的研究：宋卫东[19]综合考虑了技术、经济和社会等因素对大冶铁矿生产规模的影响，采用模糊综合评判的理论与方法进行选优，并运用灰色系统理论进行验证，得到露天转地下后地下生产的最佳生产规模；肖振凯、李卫东[20]探讨了排山楼金矿露天转地下开采生产能力的实现。

有关边坡稳定和岩层移动规律的研究：孙世国等人[21]探讨了露天转地下开采时露天边坡的滑移机制；李文秀[22]针对急倾斜厚大矿体提出了露天和地下联合开采岩体移动分析的模糊数学模型；刘辉等人[23]用离散单元法研究了大冶铁矿狮子山采区露天转地下开采，采用充填法、崩落法采掘对露天边坡和围岩的影响及围岩变形规律；杜建华等人[24]利用极限平衡理论和 FLAC 软件对深凹露天转地下开采错动界限进行了研究；任高峰等人[25]利用三维有限单元法圈定了大冶铁矿东露天转地下开采时容易发生位移的区段，并分析了首采段开挖对露天边坡的稳定性影响；韩放等人[26]针对露天转地下开采，综合边坡移动速度、围岩相对位移量、破坏场、剪切应变等多因素对岩体稳定性和移动规律进行三维数值模拟分析；何姣云等人[27]根据爆破地震反应谱曲线，运用有限元软件，对大冶铁矿东露天转地下开采无底柱分段崩落法回采挂帮矿爆破对露天边坡的影响进行研究；何姣云[28]对大冶铁矿露天转地下挂帮矿开采的巷道进行了收敛监测，并给出了灰色模型在预测巷道变形趋势方面的应用；黄平路[29]分别采用有限元和离散元研究了考虑和不考虑民采两种情况下的地表变形和矿体围岩移动规律；蓝航[30]采用 FLAC 程序研究了露天煤矿排土场边坡下采动沉陷规律；吴永博、高谦[31]对露天转地下开采高边坡开展了变形监测与稳定性预测；王宾、宋卫东、杜建华[32]开展了深凹露天转地下开采地压宏观调查及巷道变形规律分析。

其他方面的研究：刘景秀[33]探讨了深凹露天转地下开采矿山防排水措施；朱殿柱、张子刚[34]结合中国铁矿深凹露天转地下开采的特点，论述了灾害预警信息化方向，阐述了灾害预警机制、灾害预警信息源、灾害预警方法的最优决策等信息化关键问题。严松山[35]研究了南山矿业公司凹山采场露天转地下的可行性；陈义静[36]采用三维有限元，对程家沟铁矿露天转地下的废弃露天坑用于排尾进行了可行性研究。

1.2.3 国内外工程岩体质量分级研究进展

岩体分级是对岩体质量和稳定性进行综合评价的一种基本方法，它一直是岩石工程研究领域中的一个重要课题。这方面的研究已由过去单一因素、单一指标和定性划分为主，朝多因素、多指标、定性评价与定量评价相结合的方向发展[37]。岩体质量评价研究的发展过程大致可以分为两个阶段：20 世纪 70 年代以前是以单指标为基础进行岩体质量评价，往往是定性或半定量的；70 年代至今，岩体质量评价由单指标向多指标综合、由定性向定量评价方向发展。特别是90 年代以来，许多学者开始运用分形理念、灰色理论、神经网络、物元分析等新理论、新方法进行岩体质量评价[38]。

1.2.3.1 国外岩体质量分级研究进展

生产的发展呼唤着科学技术的加快发展，那种对工程对象——岩石只能作出"软"或"硬"，"松散"或"完整"等模糊判断的办法已远远不能适应工程的需求了，这是促进近两个世纪以来岩石分级研究不断发展演变的历史背景[39]。

1882 年法国的莫氏根据矿物的硬度不同，用互相刻画的办法定出从滑石到金刚石的十级硬度，称划痕硬度表。

1909 年，俄国的普洛托吉雅柯诺夫教授首先提出了岩石"坚固性"的概念，并进行了系统的研究，其后根据普氏坚固性系数，将岩石划分为十级。

1911 年比尔鲍美提出了根据岩石天然破碎状态确定岩石荷载的五级分级法，用以估计岩石压力。

1946 年太沙基[40]提出了一个新的以岩石种类描述和岩石载荷相结合的分级方法，他将岩石分为十级，从坚硬与原状岩石到膨胀岩石；其后又作为补充，把裂隙间距和 RQD 指标也联系到一起。

1950 年苏联的老普氏之子小普洛托吉雅柯诺夫提出了一种测定岩石坚固性系数 f 值的简易方法，称为捣碎法。

1956 年美国的李温斯顿建立了变形能爆破漏斗理论，提出了变形能系数的概念，利用此系数可以对比岩石的爆破性，计算炸药的单耗量和确定爆破参数。

1959 年美国邦德提出用爆破功指数确定岩石爆破性的方法，此法源于破碎和磨矿中提出的"破碎功指数"。

1963 年日本的小野李提出以岩体纵波速度与岩块纵波速度相比较的办法来评价岩体完整性。

1963 年加拿大的科茨（Caotes）[41]从岩石力学角度，提出一个考虑了岩石和岩体的五种特性，以定性为主包括简单定量的岩石分类方法，此分级方案体现了综合考虑岩石坚硬程度和岩体完整程度的特点。

1967 年，美国伊利诺斯大学的迪尔（Deere）[42]提出岩石质量指标（RQD）分级法，将岩石分成五级。

1972 年美国的威克汉姆（Wickham）[43]根据岩体地质结构、节理状态、含水情况提出 RSR 分类法。

1973 年南非的宾尼阿乌斯基（Bieniawski）博士[44,45]提出了地质力学分级系统，即用 6 个方面的指标总得分 RMR 来综合确定岩体级别。

1974 年挪威学者巴顿[46]等根据对 200 多座隧道建设资料的调查研究，提出了一种由 6 个因素综合评定岩体质量 Q 值的定量分级法。Q 分级方法与前述的

RMR 法并称为国际上影响较大的两大稳定性分级体系。

1984 年美国 Williamson 提出了统一分类法。

1985 年西班牙 Romana 提出了边坡岩体 SMR 分类，日本 Otakar 提出了 QTS 围岩分类。

1994 年 Hoek 和 Brown 等人提出 GSI（Geological Strength Index）分类法[47-49]。

1995 年挪威学者 Palmstrøm 提出了 RMI（Rock Mass Index）分类法[50,51]等。

以上分类体系中，RMR 分类、Q 系统和 GSI 分类在世界各地应用最广，被各国学者和工程人员广泛用于实际工程，并建立了一套与岩体力学参数之间的经验关系公式。

1.2.3.2　国内岩体质量分级研究进展

我国围岩分类在 20 世纪 50 年代引用苏联的"普氏"分类，1972 年以后，逐步提出具有我国特色的围岩分类方案[52]。应用较广的方法有谷德振等人[53]提出的岩体质量指数 Z 分级方法、水利水电工程围岩工程地质分类[54]、国标工程岩体分级标准 BQ 分级法[55]。此外，还有杨子文提出的岩体质量指标 M 分级、王思敬等人提出的弹性波指标 Za 分类、费寿林等人提出的凿碎法可钻性岩石分级法、陈德基提出的块度模数 MK 分类法、林韵梅等人提出的围岩稳定性的动态分级法、钮强提出的用爆破性指标 N 进行岩石分级的爆破性分级法、王石春等人提出的 RMQ 分类、邢念信提出的坑道工程围岩分类、东北工学院提出的围岩稳定性动态分级、任自民等人提出的三峡 YZP 分类法、徐光黎提出的灰色聚类法、水电部昆明勘测设计院提出的大型水电站地下洞室围岩分类、王思敬提出的岩体力学性能质量系数 Q 分类法、林韵梅等人提出的岩石三性（稳定性、可钻性和爆破性）综合分级法、曹永成和杜伯辉提出的基于 RMR 体系修改的 CSMR 分类法。

近年来，研究人员不断将新技术、新理论引入岩体质量分析中。秦四清[56]、丁多文[57]、易顺民[58]、杜时贵[59]、夏元友[60]、连建发[61]、盛建龙[62]、M. N. Bagde[63]、刘树新[64]、刘艳章[65]等人相继将分形理论运用于岩体质量评价中，提出了岩体质量分维数分级法。

王锦国[66]、陈志坚[67]、王彦武[68]、连建发[69]、丁向东[70]等人基于模糊数学、可拓方法建立了岩体质量评价的综合评判模型。

冯夏庭[71]、魏一鸣[72]、李强[73]、慎乃齐[74]、赵红亮[75]、王彪[76]、张飞[77]、徐健[78]、陈丽亚[79]、邱道宏[80]等人将神经网络理论运用于岩体质量评价中。

孙恭尧等人[81]建立了岩体质量评价的专家系统模型；章杨松等人[82,83]将风险分析理论引入到岩体质量评价中；章杨松[82]、王环玲[84]、马淑芝[85]等人将结构面网络模拟技术引入到岩体质量评价中。

宫凤强[86]、文畅平[87]等人将 Bayes 判别分析模型应用于岩体质量分级，宫凤强等人[88,89]用距离判别分析法对岩体质量进行了分级。

1.2.3.3 存在的问题

纵观各种分类，主要考虑了三大因素：岩石强度、岩体完整性及不连续面性状，以及岩体赋存的环境条件，如地下水、地应力等。在许多岩体质量评价方法中，如 BQ 法，岩体的完整性是一个重要评价指标，它可以通过岩体完整性指数（K_v）来表达：

$$K_v = \left(\frac{V_{pm}}{V_{pr}}\right)^2 \qquad (1-1)$$

式中　V_{pm}——原位岩体声波纵波速度；

　　　V_{pr}——室内新鲜岩石声波纵波速度。

从理论上来讲，原位岩体波速总是小于室内岩样波速，所以岩体完整性指数应该永远是小于 1 的。但是，孙进忠[90]等人在南水北调工程与陕京管道交叉穿越改造易县段隧道工程岩体质量评价时发现岩样波速小于原位岩体波速的现象，在排除了仪器和试验操作方面的原因后认为这是由于岩体卸荷效应所致。当岩芯从原位岩体中取出后，岩芯必然发生卸荷作用，卸荷效应使得岩芯中的原生裂隙和层理结构紧密程度降低，而在未经扰动的原位状态下，它们结合得相当紧密，从而所测得的岩块波速（V_{pr}）比原位岩体的波速（V_{pm}）要低，致使岩体完整性指数大于 1，这就使我们在岩体质量评价中产生困惑。

此外，目前现场测试岩体波速的方法主要有地震法和钻孔波速，而室内新鲜岩样的波速都是用超声波来测量，这几种方法将产生不同频率的波动，由于实际岩体并不是理想的弹性介质，因此这种频率的差异会造成对同一段岩体这几种方法的测量结果不一致。如果在资料处理时不对这两种方法测得的波速结果进行频率修正，也会给分级结果带来误差。

1.2.4 岩层移动预测理论与方法研究进展

地下开采可能造成岩层和地表的移动，但到目前为止，国内外研究仍多集中于煤矿开采岩层与地表移动规律和控制技术的研究，对于地下金属矿山研究得相对较少。煤层赋存条件等与金属矿山的差别较大，导致一些研究煤矿开采地表移动的计算不能直接应用于金属矿山的岩移问题，但仍有一定的借鉴作用。事实上，由于金属矿山矿体形状极不规则，产状极不确定，对其地下开采岩层移动规律的研究，在世界范围内目前都还只处于初步探索阶段。金属矿山地下开采地表移动规律及机理的建立具有相当的难度，迄今为止，该领域的研究工作依旧是国际上重大工程科研难题。

国内外矿山岩层移动预测理论与研究方法发展至今，大致可划分为4类，即工程类比法、理论分析、数值计算、现场监测[91]。

1.2.4.1 工程类比法

这是目前最常采用的一种方法，也是矿床开拓设计的首选方法。预测方法是将设计矿山与地质、采矿条件相类似的开采矿山进行比较，确定相适应的岩层移动参数。预测的准确性不仅取决于涉及矿床的地质与采矿条件的复杂程度，更依赖于预测者对所类比矿山的了解程度以及所具有的工程经验。不同知识结构和工程经验的人，对于同一问题可能给出差异甚大的结果。

1.2.4.2 理论分析

理论研究方法多种多样，有几何方法、弹塑性方法、黏弹性方法、材料力学方法、结构力学方法、随机介质方法、统计方法等。理论方法的优点在于它能够通过一定的分析获得对问题的一般性认识，而不必花费大量人力、物力和财力，并且经常可以得到计算模型的数学结构；其缺点在于必须将实际条件进行一定程度的简化，实际条件复杂时，往往使分析结果与实际情况相差较大。

理论分析主要包括以下3个方面。

A 影响曲线函数法

1932 年，巴尔斯（Bals）提出了连续影响分布函数的概念，并给出了第一个连续分布的影响函数，从而为影响函数法奠定了基础[92-98]。1950 年，波兰学者克诺特（Knothe）得出了一种正态分布型影响函数，利用它来表示地表移动变形，并选用高斯曲线作为影响曲线。随后，布德雷克（Budryk）解决了克诺特提出的下沉盆地中的水平移动及水平变形问题，构建了布德雷克-克诺特理论。李特维尼申在 20 世纪 50 年代中期提出了随机介质理论，并从统计的角度研究岩体位移问题。1965 年，我国学者刘宝琛、廖国华把随机介质理论发展成为概率积分法，在我国得到广泛应用，至今仍是开采沉陷预计方法中使用最多的一种[99,100]。

B 剖面曲线法

与影响函数并列发展起来的是剖面函数法。在我国使用的剖面函数一般是负指数函数法和威布尔分布法。

负指数函数法适用于近似矩形工作面开采时的地表移动和变形的预计[101]。随着概率积分法在我国得到深入的研究和应用，国内学者提出了碎块理论，仿照概率积分法的分析方法进行推导，得出的公式形式与威布尔分布的密度函数形式相同，所以，此法又称威布尔分布法[102-104]。

C　力学方法

力学方法可分为连续介质模型和非连续介质模型。

在连续介质模型方面，苏联的阿威尔辛利用了数学理论，萨乌斯托维奇认为岩体由各向同性弹性介质组成，利用弹性基础梁理论分析覆岩及地表移动变形；白矛等将位于采空区上方岩梁视为均质连续的各向同性弹性体，利用了弹性理论的位移函数法[105]，刘宝琛把顶板岩层视为黏弹性基础上的黏弹性介质组成的弯曲梁（开尔文流变体），利用黏弹性理论[106]；崔希民等人把每一地层看作是均质连续各向同性体，利用黏性流体质点运动的欧拉描述法，结合牛顿平板实验，建立了岩体移动的黏塑性模型，并采用 Fourier 变换进行求解[107]；曾卓乔、寇新建用流变学等研究岩层和地表移动[108]。

非连续介质力学中最有成效的是随机介质理论，在我国发展成为概率积分法。非连续介质学派把在采动影响下的上覆岩层看作是随机介质流动的小单元，通过小单元之间的移动表达式来研究地表移动变形，主要是以李特维尼申为代表的随机介质理论。我国学者刘宝琛、廖国华做了许多工作，完善和发展了这一理论，提出了概率积分法，提高了它的实用性。

由于岩层移动研究最早开始于煤系地层，因此，基于沉积层状的煤矿地层提出了许多卓有成效的岩层预测理论，但是对于多为非沉积地层的金属矿床地层，由于其地质条件要复杂得多，导致预测理论受到极大限制。

1.2.4.3　数值模拟

随着大容量、高速度的计算机的出现，尤其是功能强、速度快的岩土工程数值分析软件的开发，数值分析已经成为研究复杂地质、采矿条件下岩层移动机理模拟与移动参数预测的一种重要手段。数值模拟方法建立在客观反映原型和模拟过程力学效应的基础上，模型越能反映原型的客观条件，就越能准确预计所要得到的结果。所以在数值模拟中，对原型的考察、研究和合理简化是十分重要和必要的。

用于采矿覆岩移动和地表变形预测的数值模拟方法主要有三种，即有限单元法、边界单元法和离散单元法。其中以有限单元法应用最早，也最为成熟。

A　有限单元法

在岩土工程分析中，有限元是较成熟和应用广泛的数值分析工具。目前国内外已经研究开发了许多大中型数值分析软件。

我国学者谢和平、王金安等人用 FLAC 有限差分计算软件对煤矿开采沉陷预测进行应用[109]，通过对比分析经典预计方法（概率积分法）与 FLAC 计算结果，发现 FLAC 能够真实地模拟现场地质条件，弥补了一般经典方法不能考虑断层的不足，取得了比较好的效果。目前有限单元法已广泛应用于开采沉陷的研究中。

B　边界单元法

边界单元法在开采沉陷中应用不多[110]，主要是因为边界单元法要求边界单元所围成的区域是单一均质体，而开采沉陷一般研究的是从采场附近到地表含有不同地层的地质体受采动影响的变化规律。张玉卓进行了断层影响下地表移动规律的统计和数值模拟研究[111]，他利用边界元法，根据国内外 25 个断层影响的台阶状盆地实测资料[112]，采用正交设计方案进行了断层对地表移动规律影响的研究。

C　离散单元法

离散单元法是美国学者 Cundall 教授在 1971 年提出的一种计算方法[113]，后经 Voegele、Lorig、Brady 等人发展，在解决离散的、非连续的问题方面有着较好的发展前景，并成为非连续介质问题研究中的一个重要方法[114]。20 世纪 80 年代中期，我国学者王泳嘉教授首次将离散单元法介绍到国内[115]，相继在我国的采矿、隧道和大坝等工程的设计和研究中得到了应用[116]。该方法特别适用于节理岩体的大位移、大变形分析。

离散单元法已被用来模拟离层的产生和发育过程[117,118]，以及岩层移动动态过程[119]。用离散单元法模拟冒落裂隙带中破碎和不连续的岩层比用有限单元以及边界单元要方便得多，不过离散单元法需人为划分单元块体，会带来较大的计算误差，有待于进一步完善和发展。

数值模拟存在的主要问题是很难建立和实际情况相一致的模型，而且模型所需的岩体参数选取较为困难，如果建立的模型和实际情况相差较大、参数选取不准，得出的结果会与实际情况有较大出入。因此，正如专家所指出的，就目前研究水平，完全依赖于计算来准确地进行岩层预测是不现实的。

1.2.4.4　现场监测方法

对于金属矿山，开采过程中的现场位移监测是对重要工程的稳定性进行评价，以便及时采取措施的重要手段。尽管这种方法只有在开采过程中才得以实施，但是由于围岩移动是采场地压活动和工程稳定状态的真实反映，所以，进行必要的监测，可以及早发现岩移设计中可能存在的问题，及时采取控制地层措施，减少不合理开采设计带来的不良后果。

上述 4 类方法各有所长，又都存在不足，且在使用上又限于不同阶段。例如，在矿山的初步设计中，现场监测是不适用的；计算分析方法既可以用于采矿设计阶段的模拟开挖，也可以用于开采阶段的参数验证；数值模拟与现场监测相结合是准确进行开采设计与优化回采工艺的重要手段。因此，岩层移动的预测应建立在工程类比、计算分析与现场监测的综合分析基础上，通过不断补充获取信息，动态进行对比分析，互为验证、逐步逼近正确的预测结果。

1.2.5 光面爆破理论参数与爆破振动损伤控制研究现状

光面爆破自传入中国近半个世纪以来其发展日新月异。在理论上不断取得新的突破，实践中不断取得新的成就，这使得光面爆破已经成为一门具有系统理论支撑和丰富实践论证的科学。

文献［120-122］等都有光面爆破较系统的理论阐述和实践介绍，近年来对光面爆破的理论研究和实践应用也有不少报道，这些研究和应用无疑推动了光面爆破技术的向前发展。现简述如下：

高金石、张继春[123]运用岩体动力学原理，分析了对应爆炸破岩三个阶段的冲击波、应力波和爆生气体对岩体的力学特征和破碎作用，提出了不同区域内岩体的破坏模拟与判据，并给出了确定岩体破碎范围的公式，为合理确定爆破孔网参数提供了依据。高金石、杨军[124]讨论分析了现有爆破成缝理论，首先将岩体在爆生气体作用下的成缝过程分为开裂、扩展和止裂三个阶段，建立了这三个阶段的力学模型，着重分析了爆破成缝方向和机理，提出了相应的断裂判据，并在大理石试块上进行爆破成缝试验，通过计算分析，验证了提出的成缝机理。宗琦、马芹永[125]依据爆生气体准静压力成缝理论，并以降低围岩破坏为目的，从理论上分析了光面爆破时诸如装药不耦合系数、空气柱长度、装药集中度、炮孔间距和最小抵抗线等参数的计算方法。马芹永[126]根据应力波与爆生气体综合作用，一炮眼起爆应力波传到相邻炮眼、相邻炮眼尚未起爆，断裂力学观点，爆破漏斗试验和实践经验，分别提出了相应的炮孔间距计算方法。徐颖、宗琦[127]以空气垫层和水垫层为例介绍软垫层光面爆破装药结构爆破机理，据光面爆破要求，分析了软垫层光爆装药结构参数，主要探讨了轴向不耦合系数和软垫层高度的确定方法，并提出了理论计算公式。戴俊、杨永琦[128]根据光面爆破炮孔爆炸载荷的时间衰减和相邻炮孔的非同时起爆，对光面爆破的炮孔间距计算进行研究，提出新的光面爆破参数设计方法，并得出炮孔爆炸载荷衰减速度、相邻炮孔起爆时差对炮孔间距的影响，认为就实现较大的光面爆破炮孔间距而言，提高炮孔堵塞质量较提高雷管起爆时间精度更有意义。戴俊[129]利用弹性理论方法，结合周边控制爆破的炮孔间贯通裂纹形成机理分析了原岩应力对光面爆破和预裂爆破炮孔间贯通裂纹形成的影响，认为原岩应力的存在有利于光面爆破的炮孔间贯通裂纹的形成，不利于预裂爆破的炮孔间贯通裂纹的形成。顾义磊、李晓红[130]给出了隧道光面爆破参数选取的原则与合理参数确定的方法，提出了以超欠挖量、炮痕率及围岩损伤程度对隧道光面爆破质量进行验收的标准，并结合某一隧道施工总结出光面爆破技术对隧道施工的安全性、围岩的稳定性及工程质量的贡献。宗琦、陆鹏举[131]根据光面爆破的要求，从理论上探讨了空气垫层装药结构主要参数轴向不耦合系数的计算方法，并以部分岩石为例进行了实例计算。梁为民、杨小林[132]分析了引起隧道工作面温度升高的原因，针对盐水-空气复合不耦合装药结构进行理论与模拟试验研究，认为爆生气体是影响冻土热平衡的主要热源之一，盐水介质对爆生气体的降温效果十分显著，采用复合不耦合装药结构可以有效降低爆破对围岩的损伤。

蒲传金、张志呈[133]等人研究了边坡开挖光面爆破对岩体损伤的影响，通过受损边坡岩体取样岩芯裂隙的统计分析、声波速度测试、岩芯切片微观结构的电镜观察及岩芯的强度试验，发现边坡光面爆破开挖对边坡岩体有一定的破坏作用，其破坏程度与爆破规模的大小没有明显关系，而与光爆孔不耦合装药段的线装药密度有关，线装药密度越大，边坡岩体的破坏越严重；爆破震动对边坡岩体的影响随与边坡壁面的距离的增大而降低，对于完整性较好的岩体，破坏范围在1.5m以内；损伤区岩石强度明显降低，降低的程度随距离的增加而降低。张学民、阳军生、刘宝琛[134]基于数值模拟和现场试验，分析了层状岩体中采用钻爆法修建近距离双绒隧道的爆破振动响应。分析表明，对于既有隧道，迎爆面侧墙处的振动速度和反射拉应力最大，而且振动速度具有很强的方向效应，隧道径向振动速度大于切向振动速度；将爆破对新建隧道本身围岩的振动损伤度和对相邻隧道的振动影响结合起来综合考虑，提出了层状岩体隧道爆破施工中减轻振动的几种措施。张成良、李新平[135]应用动力有限元 ANSYS/LS-DYNA 程序，建立了岩体二维弹塑性模型，对不考虑损伤和考虑损伤的光面爆破过程进行了数值模拟，比较了两种模型最大有效应力随距离的变化关系。结果表明，在孔壁压力、孔径和抵抗线不变的条件下，考虑损伤影响时可适当加大光面爆破的炮孔间距，可以加大为不考虑损伤效应的炮孔间距的 1.1 ~ 1.2 倍左右；在孔壁压力、孔径和孔距不变的条件下，可适当加大光面爆破的抵抗线。戴俊、杨永琦[136]应用损伤力学的理论与方法，对崩落眼爆破引起光爆层岩石损伤因子与光面爆破参数的关系进行了分析，导出了相应的光爆参数计算式，并与不考虑岩石损伤的光面爆破参数进行了对比，指出了目前低强度岩石中光爆效果往往较差，原因是没有考虑损伤因子对光面爆破参数的影响，造成炮孔装药过量所致；与不考虑岩石损伤的情况相比，在损伤岩石中实施光面爆破的单孔装药量与孔间距应取更小值，而且，对低强度岩石，这种损伤的影响较为明显；由此认为，研究崩落眼爆破对光爆层岩石的损伤规律下损伤岩石的光面爆破参数计算方法，是未来深入研究岩石光面爆破理论与技术的方向。

谢兴华[137]运用模糊优选理论，对淮南矿务局谢桥煤矿建井施工中的原井架基础光面切割爆破方案进行了快速量化确定，取得了较好的工程效果，为模糊爆破专家系统实现人机对话、快速优化爆破方案提供了有效方法。王长友、唐又驰[138]基于 Matlab 工具箱建立了预测光面爆破效果神经网络模型，从岩石力学性质、周边爆破参数两个方面对光面爆破效果进行分析和预测，利用该模型对光爆效果进行了预测，取得了很好的效果。蒲传金、张志呈[139]给出了基于三角模糊数互补判断矩阵的模糊层次分析法的基本原理和步骤，并将它用于边坡开挖光面爆破效果评价，结果表明评价结果与实际相一致。

刘春富、陈炳祥[140]介绍了弯山隧道的深孔光面爆破施工，指出孔内微差爆破的复式斜眼掏槽方式的成功是对深孔光面爆破的补充和发展，弯山隧道的深孔光面爆破技术，不仅提高了施工效率，保证了工期，而且获得良好的经济效益。耿茂兴[141]介绍了三山岛金矿在采场内是如何根据矿体结构类型，在不同结构类型的矿体中，采用不同爆破方案和爆破参数及采取合理回采顺序来改善爆破效果。王剑波[142]等人于武钢金山店铁矿二采区矿岩稳固性差的地段掘进了出矿进路，采用断面一次光面爆破法，明显减小了对围岩的扰动和破坏，保护了围岩的完整性，增强了围岩的自身稳定性，与超前锚杆、喷锚网、钢架等支护配合使用后，保证了矿块回采进路的稳定性。汪齐全[143]结合凤凰山铜矿的实际条件，成功运用光面爆破进行了巷道掘进。邵鸿博[144]介绍了正阳隧道光面爆破施工。渝怀线正阳隧道地质复杂，溶洞、溶槽、节理裂隙发育，涌水量大，设计铺设防水板，光爆效果的好坏将直接影响防水板的挂设与衬砌混凝土的质量。通过理论分析与实践，认为合理地选择钻爆参数，并根据不同的围岩变化情况及时调整爆破参数，不断完善爆破设计，才能取得好的爆破质量。肖木恩[145]介绍了光面爆破技术在破碎岩体掘进中的应用。李长权[146]等人介绍了光面爆破技术在马头门施工中的应用。戚克大[147]介绍了光面爆破技术在祝源隧道开挖中的成功应用。

李夕兵、凌同华、张义平[148]从爆破震动信号的产生与传播、爆破震动监测、爆破震动预测、爆破震动信号分析技术、爆破震动作用下结构体的动态响应特征、爆破震动危害机制与主动控制、爆破震动安全判据等方面，对爆破震动效应进行了较为全面且深入的研究和总结，系统介绍了爆破震动效应分析中的理论和研究方法，特别是应用爆破震动信号分析理论与技术解决实际问题的途径，提出了基于实测爆破震动资料分析的干扰降震法和基于微差干扰降震的爆破震动灾害主动控制。

由以上简述可知，在短短的几十年时间里，光面爆破技术无论在理论研究还是在实践应用上都得到了极大充实、完善和发展，使得光面爆破成为岩土工程开挖和掘进的一个重要手段。研究中逐渐引入了爆炸动力学、弹塑性力学、岩体力学、断裂力学和损伤力学原理，并且还将数值模拟技术、不确定非线性理论运用到光面爆破参数确定和爆破质量评价上，极大地丰富和发展了光面爆破作用机理和理论研究的手段；除了岩石条件、炸药性能和网络参数等光面爆破的传统影响因素外，还涉及了构造应力、高自重应力、孔眼起爆时差、光爆层损伤等因素对光面爆破的影响；实践中光面爆破的运用和改进捷报频传，促进了深孔光面爆破技术的发展。

然而，在理论上，至今仍没有一个获得一致认同的光面爆破成缝机理，目前形成了爆炸应力波叠加作用机理、爆生气体准静压力作用机理、爆炸应力波与爆生气体共同作用机理共存的局面。由于爆破破岩机理的不一致，使得用于爆破网络参数（特别是炮孔间距和最小抵抗线）计算的公式多样化，至今没有一个具有一般代表性的理论计算公式，因而多数光爆工程在确定网络参数时还主要依据工程经验，不利于光面爆破技术的应用和推广。光面爆破技术之所以优越于普通爆破，主要原因在于巷道掘进成形后其成形规整，对围岩的破坏或损伤小，有利于减小巷道的支护和维护巷道的稳定，然而，工程中经常出现由于考虑因素影响不全，有时甚至忽略了主要因素而使光爆质量差、超欠挖量大、破坏围岩严重，极大地损害了围岩的稳定性能。如在软弱破碎岩体中忽略光爆层损伤和爆生气体准静压力作用，在坚硬完整岩体中忽略爆炸应力波作用，在地下深部高原岩应力处不考虑高地应力作用，都会造成光爆效果不理想的后果。张成良[135]、戴俊[136]指出，低强度岩石光面爆破设计与施工中，研究岩石中爆炸作用的损伤规律，弄清爆炸载荷作用后岩石中的损伤场，并相应进行光面爆破参数设计与优化，以进一步提高岩石（特别是低强度岩石）的光爆效果，将是未来光面爆破理论与技术研究的主要内容及方向。

总之，建立一个能反映爆破成缝实际过程，考虑岩性条件、炸药性能、岩石损伤、高原岩应力和起爆时差等全面影响因素且适用性强的光面爆破参数理论计算公式，对于光面爆破理论发展和工程推广运用，对巷道围岩损伤控制、稳定性能维护，对减少支护成本、提高支护质量和安全生产等都具有非常重要的意义。

1.2.6　单一露天、地下开采研究进展

目前，人们对单一的露天开采和地下开采已做了大量的研究和实践，对单一露天开采边坡岩体的稳定性及变形规律和单一地下开采上覆岩体稳定性及地表移

动规律有了深刻的认识[26]。如"十五"期间我国金属矿山企业开展了一系列具有前瞻性和实用性的科研课题的研究与应用，采矿技术取得了重要进展，极大地推动了金属矿山的技术进步[5]。露天开采方面的主要有大型深凹露天矿陡坡铁路运输工艺试验研究成功，汽车-胶带半连续运输系统技术逐步完善，露天矿卡车调度系统开发研制成功，铁古坑低品位混合矿露天陡帮控爆分采技术研究成套体系以及一些先进采矿工艺和大型设备的应用等。地下开采方面的主要有大间距集中化无底柱采矿新工艺试验成功，深部矿床开采关键技术（如卸荷开采技术、实时微震监测系统和深井地压灾害综合预报模型、深井通风网络优化技术、地下复杂空区分布及形态探测技术）研究的开展，复杂难采矿体开采技术以及充填采矿技术的完善等。

　　由以上分析可知，国内外在单一露天、地下开采和相关问题上的研究成果较为丰富，在理论、技术和工艺上为露天转地下开采打下了扎实的基础。国内在近十几年来对露天转地下开采展开了较多研究，主要包括合理确定采场结构参数、境界顶柱厚度、开采方案研究和开采顺序的优化、边坡稳定及岩层移动规律和防排水措施等，尤其以边坡稳定和岩层移动规律的研究居多。采用的方法有理论分析、数值模拟、模糊理论及现场监测等。研究成果推动了我国露天转地下开采工程设计和施工的发展，但露天转地下开采的研究是一个全新的课题，国内的学者虽对部分问题进行了研究，然而相关技术研究工作仍滞后生产的需求，至今尚未形成较为成熟的工艺和理论[30]。因此，露天转地下开采的相关工艺和技术还有待更全面和深入的研究。

1.3　本书的主要内容和技术路线

1.3.1　主要内容

　　本书以永平铜矿露天转地下开采工程为背景，采用现场地质调查与分析、多元统计学理论、数据挖掘技术、非线性理论、损伤控制理论等方法和手段、在研究工程岩体质量分级、巷道围岩爆破损伤控制、岩层移动角预测、境界顶柱厚度和采场结构参数优化，以及复合开采体系的应力场、位移场变化规律等问题基础上，探讨露天转地下开采的岩体稳定性和岩层及地表移动变形规律。

　　（1）工程岩体质量是复杂岩体工程地质特性的综合反映，岩体质量评价是沟通岩体工程勘察、设计和施工的桥梁与纽带。通过分析国内外岩体质量分级方法，特别是当前几个常用方法，明确了指标参数对分级结果的重要影响和各种方法的优缺点，基于 Fisher 判别理论，选取单轴抗压强度（R_c）、岩体声波纵波速度（V_p）、体积节理数（J_v）、节理面粗糙度系数（J_r）、节理面风化变异系数（J_a）、透水性系数（W_k）6 个参数作为岩体质量分级判别指标，利用实际监测数据作为样本，建立了岩体质量分级的 FDA（fisher discriminant analysis）分析模型。将所建立的模型和几种常用方法应用到永平铜矿露天边坡岩体质量分级并进行比较。

（2）在众多巷道围岩稳定性研究中，对巷道围岩稳定性影响因素的考虑基本上都集中在岩体结构特征、围岩物理力学性质、地质构造影响、巷道断面尺寸、地下水、地应力等方面，很少有考虑巷道掘进过程中爆炸荷载对围岩造成的损伤对巷道稳定性的影响。通过减小巷道掘进过程中爆炸荷载对围岩的损伤和改善围岩应力分布状态来提高巷道的稳定性能无疑是一项积极主动的措施。在分析光面爆破成缝理论、光爆层及围岩的应力分布规律和岩石爆破损伤特征的基础上，基于爆炸应力波和爆生气体综合作用原理，考虑炸药性能、岩石条件、原岩应力和光爆层损伤影响，提出巷道掘进光面爆破参数的理论计算公式。将建立的公式应用于不同工程实例，分析这种方法改善围岩形状、减小围岩损伤的可行性。

（3）岩层移动角预测常规方法主要有工程类比法、理论分析法、数值模拟法和现场监测。在对常规法进行分析评价基础上，通过分析粗糙集和神经网络的基本原理和特点，将粗糙集和神经网络有机地结合起来，取长补短，建立了粗糙集-人工神经网络预测模型。通过对 34 组实测样本数据的学习和训练，建立了包含上下盘岩石性质，矿体的倾角、厚度、开采深度以及采矿方法 6 个主要客观影响因素的粗糙集-BP 神经网络移动角预测模型。将所建模型和经验法、苏联矿山测量研究所推荐方法用于永平铜矿露天转地下开采岩层移动角的预测并进行比较分析。

（4）在岩体质量分级的基础上，通过 MIDAS、SURPAC 和 CAD 等软件建立了如实反映实体模型的数值计算模型，采用 FLAC 3D 有限差分计算软件，将永平铜矿露天转地下开采的境界顶柱和采场结构参数作为一个有机整体进行研究。通过分析 12 种顶柱厚度和矿房宽度组合方案在模拟开采过程中岩体应力场、位移场、剪应变增量和塑性区的变化规律，探讨永平铜矿露天转地下开采的最佳顶柱厚度与矿房宽度方案。

（5）在 12 种组合方案分析的基础上，重点研究了最优方案的应力场和位移场变化，探讨其岩体移动规律和稳定性，采用数值方法计算初步设计方案岩层移动角，并与经验法和粗糙集-神经网络法结果进行比较。

1.3.2　技术路线

本书研究的技术路线如图 1-1 所示。

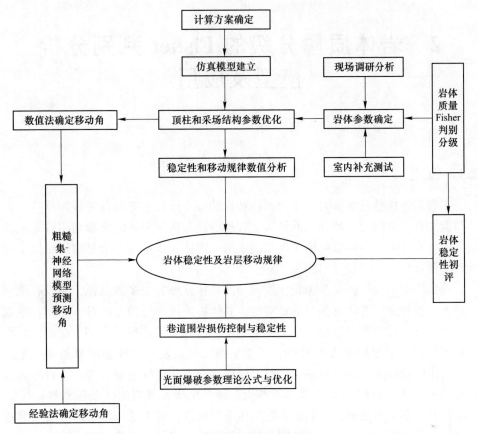

图 1-1 本书研究技术路线图

2 岩体质量分级的 Fisher 判别分析模型及应用

2.1 概述

工程岩体质量是复杂岩体工程地质特性的综合反映。它不仅客观地反映了岩体结构固有的物理力学特性，而且为工程稳定性分析、岩体的合理利用以及正确选择各类岩体力学参数等提供了可靠的依据。因此岩体质量评价是沟通岩体工程勘察、设计和施工的桥梁与纽带[149]。

正如绪论中所述，至今为止，国内外的岩体分级方法多种多样，还没有统一的标准，各种分级方法有各自的针对性，其指标选择和处理方法各不相同。纵观各类分级方法，基本上都存在以下 3 个不足：（1）评价指标选择不够全面，只能反映工程岩体质量的某方面特征，不能全面反映其发育特征和赋存条件；（2）影响岩体质量的因素常具有多层次性、模糊性和不确定性等复杂特点，岩体质量特征的评价评分过程中人为因素影响大，评分结果常具有很大的随意性；（3）大多数方法都采用总分值区间来界定岩体质量级别，对于总分位于区间端点附近的岩体，其岩体质量介于两种级别之间，级别的判定存在不确定性。因此，建立一个既能反映岩体质量本质特征，又能消除或减弱人为因素影响，能够简便、确切评价岩体质量的岩体分级方法具有非常重要的理论与现实意义。

Fisher 判别分析法是根据观测到的样本的若干数量特征对新获得的样本进行归类、识别，判断其所属类型的一种多元统计分析方法。由于该判别法对原始数据分布并无特殊要求，因此非常适合事先不知道样本分布的情况，且可以全面考虑影响预测的各种因素，真实准确地识别目标所属类别，故而在自然科学和社会科学的各个领域得到广泛应用[59]。尽管如此，Fisher 判别分析法在岩体质量分级方面的应用至今还未见文献报道。本章基于 Fisher 判别理论，选择影响岩体稳定性的主要因素作为判别参数，利用实际监测数据作为样本，从一个新的角度出发，建立了岩体质量分级的 FDA（fisher discriminant analysis）分析模型，并将该方法应用到永平铜矿露天边坡岩体质量分级。结果表明，FDA 分析模型判别指标选择全面合理，回判估计的误判率很低、判别精度高、分类性能良好，可有效降低人为因素的影响，是岩体质量等级分类的一种有效方法，可在实际工程中推广应用。

2.2 几种常用的岩体质量分级方法

目前常用的岩体质量分级方法主要有岩石质量指标 RQD 分类法、Q 系统分类法、RMR 分类法和工程岩体分类国家标准。

2.2.1 岩石质量指标分类

岩石质量指标分类法[150]是一种简单的单指标岩体分类方法,即按岩石质量指标 RQD（rock mass rating system）将岩体分为五类。这种分类方法简单易行,在一些国家得到广泛采用,但更多地是与其他分类方法结合应用。

2.2.2 节理岩体地质力学分类（RMR）

Bieniawski 于 1973~1976 年提出了一种岩体分级系统[150],简称 RMR,该系统原来是根据土木工程实录拟定的,对于采矿工程来说有点保守,为使这个系统更适于采矿,已作了几点修正,Bieniawski 于 1989 年发表了其修正的系统。

RMR 分类方法共有 6 个基本参数:岩块单轴抗压强度、岩体质量指标 RQD、节理间距、节理面性状、地下水条件及节理产状,6 个基本参数都通过表格给出了相应的评分值,岩体的 RMR 评分值由这 6 个基本参数的评分值总和构成。RMR 法的分级体系及意义见表 2-1。

表 2-1 RMR 分级体系及意义

RMR 评分	100~81	80~61	60~41	40~21	<20
分类号	1	2	3	4	5
说明	很好的岩体	好的岩体	一般的岩体	差的岩体	很差的岩体
平均自稳时间	15m 跨度 20 年	10m 跨度 1 年	5m 跨度 1 周	2.5m 跨度 10h	1m 跨度 30min
岩体内聚力/kPa	>400	300~400	200~300	100~200	<100
岩体内摩擦角/（°）	>45	35~45	25~35	15~25	<15

2.2.3 Q 系统分类法

Q 系统法[151]是应用岩石参数的一个系统来评价岩体质量 Q 和隧洞开挖的岩体条件,并对洞室采取合理岩石支护的一种方法。它是巴顿、利恩和伦德于 1972 年在威克海姆（Wickhan）及 1973 年在比尼威斯基（Bieniawski）的基础上,通过对 200 多个实际工程积累资料进行分析发展起来的。它具有三个特点:（1）把地下围岩的分类与支护结合起来;（2）详细描述了节理的粗糙度和节理的蚀变程度,并把它们作为 Q 系统的强有力参数,同时明确了岩石应力也是 Q 系统中的一项主要参数；(3) 对岩石支护的推荐是细致的，按 Q 值大小把支护分为 38 个大类。

这种分类方法综合了 RQD、节理组数、节理面粗糙度、节理面蚀变程度、裂隙水及地应力的影响等 6 个方面的因素，用一个算式计算岩体综合质量指标 Q，即：

$$Q = \left(\frac{RQD}{J_n}\right)\left(\frac{J_r}{J_a}\right)\left(\frac{J_w}{SRF}\right) \tag{2-1}$$

式中　RQD——Deere 的质量指标；

J_n——节理组数；RQD 与 J_n 的比值粗略代表岩石的完整程度；

J_r——节理面粗糙度系数；

J_a——节理面蚀度程度评分值，J_r 与 J_a 的比值代表了嵌合岩块的抗剪强度；

J_w——裂隙水折减系数；

SRF——应力折减系数，J_w 与 SRF 的比值反映围岩的主动应力。

以上参数岩体质量指标中，RQD 根据钻孔岩芯长度统计得出，其余 5 项指标都给出了相应的表格，可以查表得出。Q 的范围为 0.001～1000，代表着围岩的质量从极差的挤出性岩石到极好的坚硬完整岩体分为 9 个质量等级，围岩分为 5 类，见表 2-2。

表 2-2　Q 系统岩体质量等级及围岩分类

Q 值	0.001	0.1	1	4	10	40	100	400	1000
岩体等级	特别差	极差	很差	差的	一般	好的	很好	极好	特别好
Q 值范围	<0.1	0.1～1	1～10		10～40		>40		
围岩类别	V	IV	III		II		I		

2.2.4　国标《工程岩体分级标准》

为建立统一的评价工程岩体稳定性的分级方法，由水利部长江水利委员会长江科学院等单位于 1994 年编写出版了工程岩体分级标准 (GB 50218—1994)。该标准适用于各类型岩石工程的岩体分级，在总结国内外已有各种岩石分级经验的基础上，紧紧围绕岩体稳定性分级这个主题，采用定性与定量相结合，经验判断和测试计算相结合的方法，先确定岩体基本质量，再结合具体工程的特点确定岩体级别。岩体基本质量指标 (BQ) 根据分级因素的定量指标 R_c 和 K_v 按式 (2-2) 计算：

$$BQ = 90 + 3R_c + 250K_v \tag{2-2}$$

限制条件为：

当 $R_c > 90K_v + 30$ 时，应以 $R_c = 90K_v + 30$ 和 K_v 代入计算 BQ 值；当 $K_v > 0.04R_c + 0.4$ 时，应以 $K_v = 0.04R_c + 0.4$ 和 R_c 代入计算 BQ 值。

式中 R_c——岩石单轴饱和抗压强度，MPa；

      K_v——岩体完整性指数，$K_v = (V_{pm}/V_{pr})^2$；

      V_{pm}——岩体弹性纵波速度，km/s；

      V_{pr}——岩石弹性纵波速度，km/s。

岩体基本质量由岩石坚硬程度和岩体完整程度两个因素确定，而岩石坚硬程度和岩体完整程度可采用定性划分和定量指标两种方法确定（表2-3）。岩体基本质量分级，应根据岩体基本质量的定性特征和岩体基本质量指标（BQ）两者相结合，按表2-4确定。

表 2-3　岩石坚硬和完整程度的定性与定量关系

R_c/MPa	>60	60~30	30~15	15~5	<5
坚硬程度	坚硬岩	较坚硬岩	较软岩	软岩	极软岩
K_v	>0.75	0.75~0.55	0.55~0.35	0.35~0.15	<0.15
完整程度	完整	较完整	较破碎	破碎	极破碎

表 2-4　岩体基本质量分级（GB 50218—2014）

基本质量级别	岩体基本质量的定性特征	岩体基本质量指标（BQ）
I	坚硬岩，岩体完整	>550
II	坚硬岩，岩体较完整； 较坚硬岩，岩体完整	550~451
III	坚硬岩，岩体较破碎； 较坚硬岩或软硬岩互层，岩体较完整； 较软岩，岩体完整	450~351
IV	坚硬岩，岩体破碎； 较坚硬岩，岩体较破碎~破碎； 较软岩或软硬岩互层，且以软岩为主，岩体较完整~较破碎； 软岩，岩体完整~较完整	350~251
V	较软岩，岩体破碎； 软岩，岩体较破碎~破碎； 全部极软岩及全部极破碎	<250

2.2.5　岩体质量分级与物理力学参数

岩体的物理力学参数反映了岩体的稳定性和质量的高低，它们与决定岩体基本质量的岩石坚硬程度和岩体完整程度密切相关。进行工程岩体基本质量分级的目的之一，就是根据对工程岩体所定的级别，直接且迅速地得到岩体的物理力学参数，而不必大量进行试验。

国内一些单位和个人在进行岩体分级工作时，给出了各级岩体的物理力学参数值。例如，总参工程兵第四设计研究院（表 2-5），杨子文、刘承旺、严克强（表 2-6）等给出的这些物理力学参数，均可作为设计参考。

表 2-5　设计参考用岩体物理力学参数

级别	内摩擦角 $\phi/(°)$	黏聚力 C/MPa	弹性模量 E/GPa	重力密度 $\gamma/kN \cdot m^{-3}$	泊松比 ν
I	>55	3~8	>25	27~30	<0.2
II	45~55	1.2~3	15~25	25~28	0.2~0.25
III	35~45	0.4~1.2	4~15	23~26	0.25~0.3
IV	25~35	0.1~0.4	0.8~3	21~25	0.3~0.4
V	<30	<0.1	<1	20~24	>0.4

表 2-6　岩体设计指标

级别	质量指标 M	内摩擦角 ϕ $/(°)$	黏聚力 C/MPa	变形模量 E/GPa	纵波速度 $/km \cdot s^{-1}$	泊松比 ν
I	>3	>70	>4	>20	>5.5	0.2
II	1~3	45~70	1.5~4	10~20	4.5~5.5	0.25
III	0.1~1	30~45	0.5~1.5	2~10	3.5~4.5	0.3
IV	0.01~0.1	20~30	0.1~0.5	0.3~2	2.5~3.5	0.35
V	<0.01	<20	<0.1	<0.3	<2.5	0.4

2.3　现行岩体质量分级方法的指标参数

2.3.1　岩体分级考虑的因素

工程岩体分级的目的是为工程岩体稳定性的判断提供依据，因此，工程岩体分级所要考虑的因素，应以影响工程岩体稳定性的因素为基础[152]。影响工程岩体稳定性的因素是多种多样的，概括起来主要有岩石的物理力学性质、结构面发育情况、地下水环境条件、地应力环境条件、工程类别等多个方面，目前在国内外的工程岩体分级方法中常用的分级因素和指标见表 2-7。

表 2-7 国内外工程岩体分级方法常用指标

| 岩体分类 | 地质因素（结构面） | | | 地质因素 | | | | | | | 力学因素 | | | | | | 工程因素 | | | 表达式 | 级数 | 应用 |
	组数	间距	状态	RQD	岩体结构	完整性	风化程度	地应力	地下水	地质构造	岩石强度	结构面抗剪强度	岩体变形模量	岩石变形模量	岩体弹性波速	岩石弹性波速	结构面方位	施工方法	自稳时间			
1946 美国 Terzaghi 分类				√							√									定性描述	七级	隧道
1958 奥地利 Lauffer 分类																			√	定性描述	七级	隧道
1967 美国 Deere				√																RQD	五级	岩芯
1969 日本 土研式岩体分类		√									√									定性描述	四级	隧道
1972 美国 Wickham RSR	√	√						√	√								√			加和法	五级	隧道
1973 奥地利 Bieniawski RMR	√	√		√	√				√								√			和差法	五级	隧道
1974 挪威 Barton Q 系统	√	√	√	√					√		√						√			积商法	九级	
1978 中国 杨子文分类				√		√	√	√			√									因子积	五级	坝基
1979 谷德振 Z 分类法						√	√				√	√			√	√				乘积法	五级	地下
1980 王思敬 弹性波 Zw						√									√	√				积商法	五级	地下
1980 中国 关宝树 Q 分类				√		√	√													求积法	五级	地下
1981 中国 水电规范	√	√				√	√	√	√	√	√	√					√			定性分级	五类	坝基
1984 中国 邢念信分类				√		√	√										√	√		商积法	五类	坑道
1984 中国 三峡 YZP 法	√	√	√			√	√	√			√	√					√			积商法	五类	坝基
1985 中国 二滩岩体分类	√	√		√		√	√	√			√	√	√		√					积商法	五类	坝基

续表 2-7

岩体分类	地质因素										力学因素						工程因素			表达式	级数	应用
	结构面			RQD	岩体结构	完整程度	风化程度	地应力	地下水	地质构造	岩石强度	结构面抗剪强度	岩体变形模量	岩石变形模量	岩体弹性波速	岩石弹性波速	结构面方位	施工方法	自稳时间			
	组数	间距	状态																			
1991 中国付永胜 RQ 分类	√	√	√			√	√	√			√						√	√		函数和	五类	边坡
1993 中国工程岩体分级标准	√	√				√	√	√	√						√	√				积差积法	五类	边坡
1995 西班牙	√	√													√	√				和差积法	五类	边坡

2.3.2　现行指标参数的评价

岩石质量评价方法及指标经历了一个良性的发展过程，具有如下特点：

（1）岩体质量评价由单因素定性分级向多因素定性和多因素定量综合模式发展。一方面，单一定性分级具有较大的主观性，缺乏统一分级标准；另一方面，影响岩体质量的因素常具有不确定性、复杂性和模糊性等特征，因此用少数几个固定的评价指标和简单的数学表达式难以准确全面地概括所有情况，岩体质量的完全定量化分级只具有数学意义。

（2）由于各类工程岩体评价方法的应用和分析侧重点不同，相应地采用了不同的评价指标和分级标准。随着多因素综合模式的发展，各种评价方法的评价指标有逐渐接近的趋势，基本反映了影响工程岩体稳定性的各方面因素。

（3）影响岩体质量的因素常具有多层次性、模糊性和不确定性等复杂特点，岩体质量分级过程中需要对指标进行定性划分和评分，人为因素影响大，评分过程和结果常具有很大的随意性。

2.4　岩体质量分级的 Fisher 判别分析模型

2.4.1　FDA 模型计算理论

Fisher 判别法的基本思想是将高维数据点投影到低维空间上，因此数据点就可以变得比较密集，从而可以克服由于维数高而引起的"维数祸根"，根据类间距离最大、类内距离最小的原则确定判别函数，再根据建立的判别函数判定待判样品的类别。

2.4.1.1 Fisher 判别法的求解[153,154]

设有 m 个总体 G_1, G_2, $\cdots$, G_m, 相应的均值向量和协方差矩阵分别为 $\boldsymbol{\mu}^{(1)}$, $\boldsymbol{\mu}^{(2)}$, $\cdots$, $\boldsymbol{\mu}^{(m)}$; $\boldsymbol{V}^{(1)}$, $\boldsymbol{V}^{(2)}$, $\cdots$, $\boldsymbol{V}^{(m)}$; 从总体 G_i 中分别抽取容量为 n_i 的样本是:

$$\boldsymbol{X}_\alpha^{(i)} = (x_{\alpha 1}^{(i)},\ x_{\alpha 2}^{(i)},\ \cdots,\ x_{\alpha p}^{(i)})^{\mathrm{T}}$$
$$(\alpha = 1,\ 2,\ \cdots,\ n_i;\ i = 1,\ 2,\ \cdots,\ m) \tag{2-3}$$

则

$$\boldsymbol{\mu}^{\mathrm{T}}\boldsymbol{X}_\alpha^{(i)} = (\mu_1 x_{\alpha 1}^{(i)},\ \mu_2 x_{\alpha 2}^{(i)},\ \cdots,\ \mu_p x_{\alpha p}^{(i)})^{\mathrm{T}} \quad (i = 1,\ 2,\ \cdots,\ m) \tag{2-4}$$

为 $\boldsymbol{X}_\alpha^{(i)}$ 在轴上的投影, 记:

$$\overline{\boldsymbol{X}}^{(i)} = \frac{1}{n_i} \sum_{i=1}^{n_i} \boldsymbol{X}_{(\alpha)}^{(i)} \tag{2-5}$$

$$\overline{\boldsymbol{X}} = \frac{1}{n} \sum_{i=1}^{m} \sum_{\alpha=1}^{n_i} \boldsymbol{X}_{(\alpha)}^{(i)} \qquad \left(\text{其中 } n = \sum_{i=1}^{m} n_i\right) \tag{2-6}$$

式中 $\overline{\boldsymbol{X}}^{(i)}$, $\overline{\boldsymbol{X}}$——分别为组类平均与总平均。

于是组内差为:

$$e = \sum_{i=1}^{m} \sum_{\alpha=1}^{n_i} (\boldsymbol{\mu}^{\mathrm{T}}\boldsymbol{X}_{(\alpha)}^{(i)} - \boldsymbol{\mu}^{\mathrm{T}}\overline{\boldsymbol{X}}^{(i)})^2$$

$$= \sum_{i=1}^{m} \sum_{\alpha=1}^{n_i} (\boldsymbol{\mu}^{\mathrm{T}}\boldsymbol{X}_{(\alpha)}^{(i)} - \boldsymbol{\mu}^{\mathrm{T}}\overline{\boldsymbol{X}}^{(i)})(\boldsymbol{\mu}^{\mathrm{T}}\boldsymbol{X}_{(\alpha)}^{(i)} - \boldsymbol{\mu}^{\mathrm{T}}\overline{\boldsymbol{X}}^{(i)})^{\mathrm{T}}$$

$$= \sum_{i=1}^{m} \sum_{\alpha=1}^{n_i} \boldsymbol{\mu}^{\mathrm{T}}(\boldsymbol{X}_{(\alpha)}^{(i)} - \overline{\boldsymbol{X}}^{(i)})(\boldsymbol{X}_{(\alpha)}^{(i)} - \overline{\boldsymbol{X}}^{(i)})^{\mathrm{T}}\boldsymbol{\mu}$$

$$= \boldsymbol{\mu}^{\mathrm{T}}\left\{\sum_{i=1}^{m}\left[\sum_{\alpha=1}^{n_i}(\boldsymbol{X}_{(\alpha)}^{(i)} - \overline{\boldsymbol{X}}^{(i)})(\boldsymbol{X}_{(\alpha)}^{(i)} - \overline{\boldsymbol{X}}^{(i)})^{\mathrm{T}}\right]\right\}\boldsymbol{\mu}$$

$$= \boldsymbol{\mu}^{\mathrm{T}}\left\{\sum_{i=1}^{m} \boldsymbol{S}_i\right\}\boldsymbol{\mu} \underset{=}{\Delta} \boldsymbol{\mu}^{\mathrm{T}}\boldsymbol{W}\boldsymbol{\mu} \left(\text{记 } \boldsymbol{W} = \left\{\sum_{i=1}^{m} \boldsymbol{S}_i\right\}\right) \tag{2-7}$$

此处 $\boldsymbol{S}_i$ 就是 G_i 中 n_i 个样本 $\boldsymbol{X}_\alpha^{(i)}$ ($\alpha = 1,\ 2,\ \cdots,\ n_i$) 的样本离差阵, 组间差为:

$$b = \sum_{i=1}^{m} \sum_{\alpha=1}^{n_i} (\boldsymbol{\mu}^{\mathrm{T}}\overline{\boldsymbol{x}}^{(i)} - \boldsymbol{\mu}^{\mathrm{T}}\overline{\boldsymbol{x}})^2$$

$$= \sum_{i=1}^{m} n_i \boldsymbol{\mu}^{\mathrm{T}}(\overline{\boldsymbol{X}}^{(i)} - \overline{\boldsymbol{X}})(\overline{\boldsymbol{X}}^{(i)} - \overline{\boldsymbol{X}})^{\mathrm{T}}\boldsymbol{\mu}$$

$$= \boldsymbol{\mu}^{\mathrm{T}}\left[n_i \sum_{i=1}^{m}(\overline{\boldsymbol{X}}^{(i)} - \overline{\boldsymbol{X}})(\overline{\boldsymbol{X}}^{(i)} - \overline{\boldsymbol{X}})^{\mathrm{T}}\right]\boldsymbol{\mu} \underset{=}{\Delta} \boldsymbol{\mu}^{\mathrm{T}}\boldsymbol{B}\boldsymbol{\mu} \tag{2-8}$$

为了使判别函数能够很好地区别来自不同总体的样品，故希望满足以下两个条件：（1）来自两个总体的组间离差愈大愈好；（2）来自两个总体的组内离差愈小愈好。综合以上两点，有：

$$\Phi = \frac{b}{e} = \frac{\boldsymbol{\mu}^{\mathrm{T}} \boldsymbol{B} \boldsymbol{\mu}}{\boldsymbol{\mu}^{\mathrm{T}} \boldsymbol{W} \boldsymbol{\mu}} \tag{2-9}$$

为此，用拉格朗日乘数法，令 $F = \boldsymbol{\mu}^{\mathrm{T}} \boldsymbol{B} \boldsymbol{\mu} - \lambda (\boldsymbol{\mu}^{\mathrm{T}} \boldsymbol{W} \boldsymbol{\mu} - 1)$

对 $F = \boldsymbol{\mu}^{\mathrm{T}} \boldsymbol{B} \boldsymbol{\mu} - \lambda (\boldsymbol{\mu}^{\mathrm{T}} \boldsymbol{W} \boldsymbol{\mu} - 1)$ 求偏微分，并使之为 0，方程式如下：

$$\frac{\partial F}{\partial \boldsymbol{\mu}} = 2 \boldsymbol{B} \boldsymbol{\mu} - 2 \lambda \boldsymbol{W} \boldsymbol{\mu} \underset{=}{\Delta} 0 \tag{2-10}$$

经求解方程（2-10），进一步整理可得：

$$(\boldsymbol{W}^{-1} \boldsymbol{B} - \lambda \boldsymbol{I}) \boldsymbol{\mu} \underset{=}{\Delta} 0 \tag{2-11}$$

式中　$\boldsymbol{\mu}$——最大特征值 λ 对应的特征向量，这样就可以求出判别函数的系数；

　　　　$\boldsymbol{I}$——组内离差平方和与组间离差平方和的比值。

解方程分别可求得 $S-2$ 个判别函数（$S = \min((G-1), \ m)$），一般第一个方程可以解释大部分样本的信息，如仅第一个判别函数难以作判别时，可结合后续的判别函数综合考虑。

2.4.1.2　Fisher 判别法的具体步骤

（1）列出样本观测阵：

$\boldsymbol{X}_{(a)}^{(i)} = (x_{(a1)}^{(i)}, \ x_{(a2)}^{(i)}, \ \cdots, \ x_{(ap)}^{(i)})^{\mathrm{T}}$　（$a = 1, \ 2, \ \cdots, \ n_i; \ i = 1, \ 2, \ \cdots, \ m$）。

（2）求各总体的样本均值向量 $\overline{\boldsymbol{X}}^{(i)}$ 及总平均向量 $\overline{\boldsymbol{X}}$。

（3）计算：

$$\boldsymbol{B} = \sum_{i=1}^{m} n_i [(\overline{\boldsymbol{X}}^{(i)} - \overline{\boldsymbol{X}})(\overline{\boldsymbol{X}}^{(i)} - \overline{\boldsymbol{X}})^{\mathrm{T}}]。$$

（4）计算：

$$\boldsymbol{W} = \sum_{i=1}^{m} \boldsymbol{S}_i = \sum_{i=1}^{m} [\sum_{i=1}^{n_i} (\boldsymbol{X}_{(a)}^{(i)} - \overline{\boldsymbol{X}}^{(i)})(\boldsymbol{X}_{(a)}^{(i)} - \overline{\boldsymbol{X}})^{\mathrm{T}}]。$$

（5）计算：

$\boldsymbol{W}^{-1}$、$\boldsymbol{W}^{-1} \boldsymbol{B}$。

（6）求 $\boldsymbol{W}^{-1} \boldsymbol{B}$ 的最大特征根及对应的单位化特征向量 $\boldsymbol{u}$（注意：原来应使 $\boldsymbol{u}$ 满足 $\boldsymbol{u}^{\mathrm{T}} \boldsymbol{W} \boldsymbol{u} = 1$，其实这只是对 $\boldsymbol{u}$ 长度的一个要求，为简化计算，常取 $\boldsymbol{u}^{\mathrm{T}} \boldsymbol{u} = 1$，即 $\| \boldsymbol{u} \| = 1$，判别效果不变）。

（7）写出判别函数 $y = \boldsymbol{u}^{\mathrm{T}} \boldsymbol{X}$ 并求出阈值。

阈值可以用以下方法求出：将 $\overline{\boldsymbol{X}}^{(i)}$ 代入 $y = \boldsymbol{u}^{\mathrm{T}} \boldsymbol{X}$ 得 $\bar{y}^{(i)}$，再将 $\bar{y}^{(i)}$ 按从小到

大排列，例如设 $\bar{y}^{(1)} < \bar{y}^{(2)} < \cdots < \bar{y}^{(m)}$ ，则相邻两类 G_i、G_{i+1} 的阈值为：

$$y_c(i, i+1) = \frac{n_i \bar{y}^{(i)} + n_{i+1} \bar{y}^{(i+1)}}{n_i + n_{i+1}} \tag{2-12}$$

（8）回代样本，进行判别。对给定的样品 X ，如果相应的 $y = u^{\mathrm{T}} X$ 介于 $y_c(i-1, i)$ 与 $y_c(i, i+1)$ 之间，则 X 应归属于 G_i 。

2.4.1.3　Fisher 判别方法的检验

为考察上述判别方法的优良性，采用以训练样本为基础的回代估计法来计算误判率。来自总体 G_i 容量为 n_i 的样本是：$X_\alpha^{(i)} = (x_{\alpha 1}^{(i)}, x_{\alpha 2}^{(i)}, \cdots, x_{\alpha p}^{(i)})^{\mathrm{T}}$（$\alpha = 1$，$2$，$\cdots$，$n_i$；$i = 1, 2, \cdots, m$），以所有的训练样本作为 $n_1 + n_2 + \cdots + n_m$ 个新样本，依次代入建立的判别函数中并且利用判别准则进行判别，这个过程称为回判。用 n_{ij} 表示将属于总体 G_i 的样本误判为总体 G_j 的个数，设总的误判个数为 N ，则误判率 η 的回代估计为：

$$\eta = \frac{N}{\sum_{i=1}^{m} n_i} \tag{2-13}$$

2.4.2　岩体质量分级 FDA 模型指标的确定

岩体是具有一定结构面的地质体，岩体质量主要受控于岩石性质、岩体结构、岩体的赋存环境，它们可直接或间接地由多种因素及其特征参数描述和表征。岩石性质、岩体结构及其赋存条件 3 个因素控制着岩体破坏的基本规律，决定和影响着岩体的力学性能，决定了岩体质量的优劣，属基本级因素。在岩石的各项力学性质中，对稳定性关系最大的是岩石的坚硬程度，可用岩石单轴抗压强度表示；岩体结构往往是岩体稳定性的主控因素，包括岩体的完整程度和结构面的力学性状，岩体的完整程度表征方式有很多，如 RQD 值、节理间距、体积节理数和岩体完整性系数等；结构面的力学性状可用节理条件、节理面粗糙度系数、节理风化变异系数、透水性系数来表示，节理条件是综合指标，又包含着若干个次级因素，如连续性、粗糙度、充填物、面壁强度等，次级因素的组合表现出基本因素的特性；岩体弹性纵波速度近来被广泛用于岩体质量评价，它表示了岩体的综合力学性能；地下水对岩体质量的影响，不仅与地下水的赋存状态有关，还与岩石性质和岩体完整程度有关，岩石愈致密、强度愈高、完整性愈好，则地下水的影响愈小；反之，地下水的不利影响愈大。

岩体质量分级 FDA 模型指标选择的原则是：具有全面合理的代表性，能反映岩体发育的主要地质特征和影响岩体稳定性的主控因素；能精确地确定，尽可能减小人为的干扰。综上所述，选取单轴抗压强度（R_c）、岩体声波纵波速度（V_p）、体积节理数（J_v）、节理面粗糙度系数（J_r）、节理面风化变异系数（J_a）、透水性系数（W_k）6 个参数作为 FDA 模型的岩体质量分级判别指标。

2.4.3　FDA 岩体质量分级模型的建立

通过 RMR 法、国标法分析永平铜矿既有资料可知，其岩体级别大多集中于 Ⅱ、Ⅲ、Ⅳ 类间。鉴于此，在查阅大量资料的基础上，选取文献［61］提供的工程岩体实测资料作为样本（表 2-8），以单轴抗压强度（R_c）、岩体声波纵波速度（V_p）、体积节理数（J_v）、节理面粗糙度系数（J_r）、节理面风化变异系数（J_a）、透水性系数（W_k）6 个参数作为判别指标进行训练，将岩体质量等级分为三个类别（Ⅱ、Ⅲ、Ⅳ），应用上节介绍的理论，求得 Fisher 判别函数为：

$$y_1(X) = -0.454X_1 - 2.711X_2 - 0.431X_3 + 3.709X_4 +$$
$$2.401X_5 - 0.730X_6 - 0.695 \tag{2-14}$$

$$y_2(X) = -1.139X_1 + 5.325X_2 - 0.429X_3 + 2.453X_4 -$$
$$1.086X_5 - 2.422X_6 - 2.401 \tag{2-15}$$

式中　X_1——单轴抗压强度；

　　　X_2——岩体声波纵波速度；

　　　X_3——节理面粗糙度系数；

　　　X_4——节理面风化变异系数；

　　　X_5——体积节理数；

　　　X_6——透水性系数。

表 2-8　岩体质量分级样本

样本编号	单轴抗压强度/MPa	岩体纵波速/m·s⁻¹	粗糙度系数	风化变异系数	体积节理数/条·米⁻³	透水性系数	实测值	FDA值
1	35.25	1798	1.5	3.0	27.08	0.7	Ⅳ	4
2	54.48	2510	1.5	3.0	27.00	0.7	Ⅳ	4
3	41.60	1200	1.5	3.0	22.60	0.7	Ⅳ	4
4	37.07	1266	1.5	3.0	26.42	0.6	Ⅳ	4
5	64.00	2800	1.5	3.0	17.30	0.7	Ⅳ	4
6	86.00	2890	1.5	3.0	15.10	0.7	Ⅳ	4
7	70.28	3729	3.0	3.0	7.96	0.8	Ⅲ	3
8	77.35	4150	3.0	2.0	12.20	0.8	Ⅲ	3
9	81.66	4916	3.0	2.0	9.98	1.0	Ⅱ	3

样本编号	单轴抗压强度/MPa	岩体纵波速/m·s⁻¹	粗糙度系数	风化变异系数	体积节理数/条·米⁻³	透水性系数	实测值	FDA值
10	82.20	4090	1.5	2.0	20.70	0.9	Ⅲ	3
11	68.20	2250	3.0	3.0	23.20	0.7	Ⅳ	4
12	92.00	3675	3.0	2.0	13.90	0.8	Ⅲ	3
13	54.60	3600	3.0	3.0	19.40	0.8	Ⅳ	4
14	57.10	4135	1.5	2.0	6.80	0.9	Ⅲ	3
15	68.50	3618	1.5	3.0	19.90	0.8	Ⅳ	4
16	35.79	2600	2.0	3.0	25.52	1.0	Ⅳ	4
17	70.89	4200	2.0	2.0	10.39	0.9	Ⅲ	3
18	71.98	4200	1.5	1.0	12.18	0.9	Ⅲ	2
19	65.60	4700	1.5	1.0	6.70	0.9	Ⅱ	2
20	45.45	5000	2.0	2.0	16.90	0.6	Ⅲ	3
21	64.33	5000	3.0	1.0	10.52	1.0	Ⅱ	2
22	63.60	5000	3.0	1.0	7.51	1.0	Ⅱ	2
23	52.30	2200	1.5	3.0	32.91	0.8	Ⅳ	4
24	111.30	5025	1.5	1.0	20.00	0.9	Ⅲ	2
25	127.50	4600	1.5	1.0	12.30	0.9	Ⅱ	2
26	104.30	5000	1.5	0.8	17.40	0.9	Ⅱ	2
27	111.20	4600	1.5	0.8	15.50	0.9	Ⅱ	2
28	120.10	4600	1.5	1.0	8.50	0.9	Ⅱ	2
29	68.50	3618	1.5	3.0	19.90	0.8	Ⅳ	4
30	79.10	4900	1.0	3.0	18.30	0.9	Ⅲ	3

2.4.4 FDA 模型的检验

为了考察岩体质量分级的 FDA 模型的有效性和准确性，用建立的模型对 30 组训练样本数据逐一回判，并与实测值比较，训练样本集见表 2-8。为了说明该模型强大的预测功能，图 2-1 所示为模型第一、第二判别函数分组的检验及预测情况。由表 2-8 可知，回判估计误判率为 0.1，正确率高；由图 2-1 可见，岩体质量等级三个类别（Ⅱ、Ⅲ、Ⅳ）分类预测性能良好，组内距离小，组间距离大，证明所建立的模型是稳定而且可靠的。

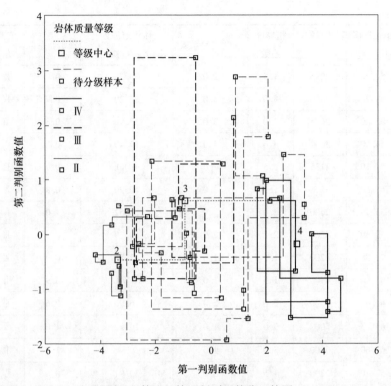

图 2-1　第一、第二判别函数分组简图

2.5　FDA 模型在永平铜矿边坡岩体质量分级的应用

　　永平铜矿位于江西省铅山县永平镇，上饶市南东约 40km，矿区属北武夷山支脉，山脉走向南北，偏北北东。矿区主峰为天排山，最高标高为 474.70m，最低标高为董家坞沟口 110m。原始地形属低山丘陵。地势总趋势为由西向东、从北至南逐渐变低。地貌形态以剥蚀堆积为主；天排山以构造侵蚀为主，山坡陡峭，山谷多呈"V"形。区内植被发育，现因露采剥离和废石的堆积，原始地貌已大为改变。该区处于武夷山隆起北缘、信江拗陷带的南侧，广丰—南城深断裂在该区北部通过。区内震旦—寒武系变质岩—混合岩大面积出露，亦有石炭纪以后各时代的沉积岩系，缺失泥盆纪—奥陶纪地层。其中最老地层为震旦系铁砂街群、周潭群、洪山群及寒武系下统荷塘组，组成褶皱基底；盖层由中上石炭统（石炭系沿用三分法）及中、新生界组成。区内构造运动贯穿始终，根据构造活动、沉积建造、岩浆活动及变质作用等特点，可明显划分为 3 个构造层。在铁砂街—上沪坂大断层的影响下，该区北部从震旦纪至寒武纪一直表现为大幅度下降，沉积了厚余万米的以浅海相碎屑岩为主的地层，经加里东运动褶皱回返，构成加里东基地构造层；海西—印支运动奠定了上构造层褶皱构造的基本轮廓（雏形），它使中石炭统—中三叠统地层形成北东向至南北向的开阔褶皱，构成海西—印支构造层；燕山运动则以断裂为主，使海西—印支构造层的褶皱进一步紧闭破裂，伴随出现一组与褶皱轴向平行的断裂，与此同时，东西向铁砂街—上沪坂大断裂有强烈的火山喷发活动，控制了本区北部侏罗—白垩系地层呈东西向展布，构成燕山构造层。铁砂街—上沪坂大断裂，在本区发育最早，结束最晚，它直接控制着本区的岩浆喷发活动。区内总体构造特征表现为由南而北、自西而东，构造线方向由近南北向逐渐转向近东西向，形成了向北西凸出的弧形扭曲。褶皱构造在桐木江以北，有平缓褶皱的凤山背斜；在桐木江以南，有南北向紧密褶皱的侯家—嵩山倒转背斜，以及寨上—陈坊向斜和呈北东向开阔褶皱的局里向斜。永平矿区处于两种构造线转折处的东南侧。侯家—嵩山倒转背斜，轴面东倾，背斜轴面由混合岩组成，两翼为石炭—二叠系，受一组北北西向逆断层影响，向北变窄，至桐木江倾没消失；向南开阔，由陈家坞向南转为正常背斜，南段被武夷山岩体吞没。

永平铜矿是江西铜业第二大主体矿山，采、选生产能力10000t/d，从1982年采用露天方法开采至今已有30多年历史。矿山于2002年实施了扩帮延深开采，但基于露采储量限制，矿山稳产年限仅8年左右，矿山预计2023年停产闭坑。为充分回收永平铜矿露天境界外的金属资源，尽可能延长矿山寿命，维持永平铜矿10000t/d生产规模，确保江铜持续稳定发展，永平铜矿实施了露天转地下工程建设，即维持5000t/d露采规模，新增地下开采5000t/d生产规模。在露转坑过程中，由于地采深入露采最终境界以下，联合开采势必严重影响露采边坡稳定性、地面工程布置及其地采主要井巷工程的安全。因此，有必要对联合开采工程影响范围内的各种地质和工程因素进行充分的调查，为岩体稳定性分析和岩体参数选取提供基础资料，并为联合开采的工程布置和参数优化提供依据。

节理裂隙的调查、统计和分析是工程地质调查的主要内容之一，根据《永平铜矿露转坑岩石力学研究》项目要求，对原露天坑7~22线间的岩体进行了详细的节理裂隙调查，对现场86个测量点2536条节理裂隙进行现场测量和室内分析（表2-9）。

表 2-9　节理裂隙调查点

编号	位　　置	测　量　点	节理数量
1	5~7号勘探线东部边坡	12	31
2	3~5号勘探线东部边坡	10、13	26
3	1~0号勘探线东部边坡	5、9、14、21、22	56
4	0~2勘探线东部边坡	3、4、7、8、15、23	142

编号	位　　置	测　量　点	节理数量
5	2~4 号勘探线东部边坡	1、2、6、11、16、17、18、19、20、24、60	250
6	4~6 号勘探线东部边坡	57、61、62、63	108
7	6~8 号勘探线东部边坡	56、59、64、73	106
8	8~10 号勘探线东部边坡	58、65	58
9	10~12 号勘探线东部边坡	66、67、75	85
10	12~14 号勘探线东部边坡	68、69、76、86	98
11	16~18 号勘探线东部边坡	79、80	48
12	18~22 号勘探线东部边坡	55、81、82	189
13	1~3 号勘探线西部边坡	27、28、43	149
14	0~1 号勘探线西部边坡	29、35、44	142
15	0~2 号勘探线西部边坡	26、45、48	111
16	2~4 号勘探线西部边坡	31、33、34、39、49	180
17	4~6 号勘探线西部边坡	25、32、42、47	51
18	6~8 号勘探线西部边坡	30、38、40、41	153
19	8~10 号勘探线西部边坡	37、50、74	97
20	10~12 号勘探线西部边坡	36、46、51	93
21	14~16 号勘探线西部边坡	52、77、78、85	120
22	16~18 号勘探线西部边坡	53、71、72、84	126
23	18~22 号勘探线西部边坡	54、70、83	66

　　根据矿区工程地质、水文地质条件及矿体赋存条件、节理裂隙调查分析结果、矿岩岩石力学性质试验测试结果和前期资料，分析得到 7~22 线间岩体质量分级综合基础指标（表 2-10）。

表 2-10　永平铜矿岩体质量分级汇总

边坡	勘探线位置	单轴抗压强度/MPa	岩体纵波速/m·s⁻¹	粗糙度系数	风化变异系数	体积节理数/条·米⁻³	透水性系数	实际采用等级	RMR	国际	FDA 值
露天开采东部边坡	5~7 线	104.2	5210	3	1.5	8.75	0.9	2	2	2	2
	3~5 线	97.6	4639	3	1.5	10.32	0.9	2	3	2	2
	1~0 线	85.2	4200	2	2	11.60	0.8	3	3	3	3
	0~2 线	64.4	3600	1.5	3	18.5	0.8	4	4	4	4
	2~4 线	71.7	4210	1	3	9.31	0.7	3	3	4	3
	4~6 线	67.68	3600	1	3	17.6	0.7	4	4	4	4

边坡	勘探线位置	单轴抗压强度/MPa	岩体纵波速/m·s⁻¹	粗糙度系数	风化变异系数	体积节理数/条·米⁻³	透水性系数	实际采用等级	RMR	国际	FDA值
露天开采东部边坡	6~8线	65.3	3100	1.5	2	25.8	0.8	4	4	4	4
	8~10线	64	2890	2	2	25.2	0.8	4	4	4	4
	10~12线	95.7	4820	3	2	7.23	0.8	3	3	3	3
	12~14线	72.3	3150	3	2	20.85	0.8	3	3	3	3
	16~18线	91.45	4600	2	1.5	18.39	0.9	3	3	3	3
	18~22线	92.08	4700	3	1.5	12.35	0.9	2	3	2	2
露天开采西部边坡	1~3线	110	5080	3	2	12.97	0.9	3	3	2	3
	0~1线	85.2	4030	3	1.5	11.60	0.9	3	3	3	3
	0~2线	70.28	3960	2	1.5	21.35	0.8	3	4	3	3
	2~4线	60	3400	1	3	21.25	0.7	4	4	4	4
	4~6线	67.68	2890	1.5	3	27.6	0.7	4	4	4	4
	6~8线	56	2678	2	2	25.11	0.8	4	4	4	4
	8~10线	74	2890	2	2	20.97	0.9	3	3	4	3
	10~12线	85.7	5000	3	1.5	7.23	0.9	3	3	3	3
	14~16线	65.3	3480	3	1.5	18.56	0.8	3	3	3	3
	16~18线	80.45	3900	3	2	13.64	0.8	3	3	3	3
	18~22线	87.08	3700	3	2	17.56	0.9	3	3	3	3

将建立的模型应用到永平铜矿的岩体质量分级中，并与 RMR 法和国标法进行比较，几种方法分级结果见表 2-10。

RMR 法和国标法的部分岩体质量评分值位于分级区间的端点附近，其岩体质量等级介于两种级别之间，等级界定具有模糊性和随意性。从表中可以看出，三种方法吻合良好，与 RMR 法和国标法相比较，FDA 法的优势是可以通过显函数简单直接的判断岩体质量等级，降低了人为因素的影响；鉴于 FDA 法较 RMR 法与国标法考虑到指标更为全面，所以在实际工程中采用的是 FDA 的分级结果。测点范围内岩体质量总体较好，以 3 级岩体为主，0 号勘探线以南至 8 号勘探线间岩体质量较差，这与现场实际情况相符。

露天转地下开采的首采对象为南坑境界下的Ⅱ-4 矿体，位于 14~22 勘探线间，区间边坡岩体质量等级为 2 和 3 类，以 3 类为主，其稳定性能较好。

2.6　本章小结

（1）选取单轴抗压强度（R_c）、岩体声波纵波速度（V_p）、体积节理数（J_v）、节理面粗糙度系数（J_r）、节理面风化变异系数（J_a）、透水性系数（W_k）6 个参数作为 FDA 模型的岩体质量分级判别指标，表征了岩石和岩体的力学性能、岩体的完整程度、结构面特征和地下水对岩体质量的影响，能真实反映岩体的基本质量。参数的选择全面、合理。

（2）建立了岩体质量分级的 FDA 模型。经检验，模型回判估计误判率为 0.1，正确率高，组内距离小，组间距离大，分类预测性能良好，说明该模型准确、可靠，具有强大的分类预测功能。

（3）岩体质量分级的 FDA 模型，由于模型参数的全面合理性和模型的良好分类预测性能，适用于所有工程岩体质量等级分类，有效降低了人为因素在岩体质量分级中的影响，提高了等级预测的精度。

（4）永平铜矿露天转地下开采范围内岩体质量 FDA 模型分类结果与现场实际情况和 RMR 法、国际法的分级结果吻合良好，进一步说明了所建岩体质量分级模型是准确可靠的。

（5）永平铜矿露天转地下开采范围内岩体质量总体较好，地下开采首采区边坡岩体属 2 类和 3 类，以 3 类为主，其稳定性好。

3 光面爆破参数优化与巷道围岩损伤控制

3.1 概述

巷道是联系地表和矿体，进行人、物、信息、能源交换的必经通道，是矿山地下开采的重要组成部分之一。保持巷道稳定，特别是永久性巷道的稳定是地下矿山开采的基本条件之一。对于露天转地下开采的矿山，巷道失稳破坏不仅影响地下开采，还有可能诱使露天边坡发生塌陷或滑坡等破坏，所以不仅仅要保证地下巷道在地采期间的稳定性，还要保证在巷道影响范围内的露天开采系统的稳定。因此，在露天转地下开采条件下，生产系统对巷道稳定性的要求比单一地下开采条件下的要高，保证巷道稳定是复合体系安全、高效开采的前提条件。研究经重复扰动的巷道围岩的稳定性和提出提高围岩稳定能力的措施，对露天转地下开采矿山意义非常重大。

目前对单一地下开采深部或浅部巷道稳定性的研究颇多[155-170]，主要集中在巷道围岩应力状态、围岩结构特征、围岩变形规律和破坏形式、支护设计和强度、影响因素等方面，研究成果对于人们认识巷道围岩变形破坏规律、维护巷道稳定发挥着重要的作用。但是，在众多巷道围岩稳定性研究中，对巷道围岩稳定性影响因素的考虑基本上都集中在岩体结构特征，围岩物理力学性质，地质构造影响，巷道断面尺寸、地下水、地应力等方面，很少考虑巷道掘进过程中爆炸荷载对围岩造成的损伤对巷道稳定性的影响。

巷道掘进方式普遍采用爆破，包括普通爆破和控制爆破，常用的控制爆破是光面爆破。若光爆参数选取合理、施工规范，则爆破质量能达到设计要求；若光爆参数选取不合理，不能反映工程环境的实际状况，则往往出现爆后断面轮廓不规整、超欠挖量大、巷道围岩损伤严重、破坏围岩的自稳能力等问题。炸药在岩体中爆炸，除了在装药处形成扩大的空腔外，还将自爆源向外产生压碎区、破裂区和震动区[120]。因此，巷道形成之初，便分布了由巷道周边向围岩深处展布的裂隙区和震动区，围岩质量已受到损伤。巷道成形后，围岩应力重新调整，巷道壁面围岩由三维应力状态变为二维应力状态，径向应力减小，周边处达到零，而切向应力增大，出现应力集中，当应力超过围岩强度，巷道周边围岩将首先破坏，并逐渐向深部扩展，直到在一定深度重新取得三向应力平衡为止。因此，伴随应力重新调整过程，巷道围岩由浅至深分别出现破裂区（松动区）、塑性区和弹性区。

从时间上看，爆破作用先于应力自调整作用，由于爆破导致的损伤（围岩径向和环向裂隙），致使应力重新分布产生的破裂区区域扩大，围岩性能被恶化。实际上，爆破产生的裂隙区、震动区与应力重新分布过程产生的破裂区、塑性区、弹性区并不是相互独立的，而是交替在一起，共同形成巷道围岩的损伤区域，使围岩力学性能劣化、强度降低，从而使巷道稳定性能下降。

因此，降低巷道掘进时对围岩的爆破损伤，是改善围岩应力状态、提高围岩稳定性能的有效措施之一。当前巷道掘进普遍使用光面爆破技术，合理选择光面爆破参数是获得良好爆破效果、有效控制围岩损伤的前提条件。现有光面爆破参数理论计算公式形式多样，考虑因素各有差异且不全面，基本没有考虑光爆层损伤和地应力等一些客观因素对爆破作用的影响，其适用条件有限；目前光面爆破的参数大多根据经验选取，缺乏一个具有代表性的理论计算公式，常出现爆后巷道形状不规整、围岩损伤大的情况。本章根据爆破作用的实际过程，对光面爆破的参数进行研究，提出一个考虑因素全面、爆破效果良好、适用性强的光面爆破参数理论计算公式，改善了爆破效果，减小了围岩损伤，从而有效提高了巷道围岩的稳定性能。

3.2 光面爆破原理

20 世纪 60 年代中到 70 年代初，光面爆破在我国的许多专业、许多部门以及部队开始全面推广使用。光面爆破不仅取得了巨大的经济效益和其他综合效益，而且保证安全，因此备受有关专业科技专家的高度重视和青睐[120-125]。

光面爆破是井巷掘进中的一种新爆破技术，它是一种控制爆破的方法，目的是使爆破后留下的井巷围岩形状规整，符合设计要求，具有光滑表面，损伤小，保持稳定的特点。

3.2.1 光面爆破成缝理论

近几十年来，各国的爆破工作者对预裂爆破和光面爆破进行了许多试验研究和实际应用。这两种爆破方法实质上都属于爆破成缝的范畴。对于爆破成缝机理，至今为止仍无统一的理论。纵观以往的研究结果，目前主要有三种观点：其一是炸药爆炸后在岩体中产生应力波并作用于岩体，使之形成裂缝；其二是爆炸产生的高温、高压气体作用于岩体产生裂缝；其三是爆炸应力波和爆生气体共同作用使岩体产生裂缝并贯通。

3.2.1.1 应力波叠加原理

当两相邻装药炮孔同时起爆时，其产生的压缩应力波波峰在传播过程中在炮孔间连线上叠加，从而产生垂直于连线的切向拉应力，所以沿着炮孔中心连线方向形成受拉面。当受拉面上中点某邻域内的合成应力波派生的拉应力大于岩石的动态极限抗拉强度时，就在该点发生断裂破坏，然后，断裂向孔眼扩展，形成断裂面。

应力波叠加原理强调相邻炮孔同时起爆，在实际应用中是很难满足这一要求的，相邻炮孔不能同时起爆，存在极小的起爆时差，两孔间产生的应力波峰值不会在炮孔连线中点相遇叠加。文献［122］实验结果证实，即使将两孔间时差控制在几个微秒以内，保证了应力波在两炮孔之间相遇，但并未发现裂缝自两炮孔中间开始产生，而仅仅是从炮孔壁开始。因此，认为岩体在应力波叠加作用下从相邻两孔连心线方向在孔间开始形成裂缝的观点有待于作更进一步的分析验证。

3.2.1.2 爆生气体静压力作用理论

瑞典的兰格福尔斯（U. Langlfors）认为爆生气体静压力作用对实现光爆的影响是主要的，相邻两炮在爆生气体压力共同作用下，使岩石向自由面方向移动。当炮孔间距很小时，岩石整体向自由面移动，且不致变形；并认为岩石的内部剪应力和拉应力都很小，只在连接线上因应力集中而产生较大的拉应力。炮孔同起爆时，有可能获得光滑的岩面，若是逐个起爆则岩面会凸凹不平。

3.2.1.3 应力波与爆炸气体共同作用原理

贯穿裂缝的形成，是基于各装药爆炸激起的应力波先在各炮眼壁上产生初始裂缝，然后高压爆生气体楔入这些裂缝内，使之向前扩展，最终形成贯穿裂缝。由于岩石中的应力波在两炮孔连心线上叠加，则产生的切向应力使初始裂纹延长，即炮孔连心线上出现较长裂纹的几率较大，为光面的形成提供了条件。

应力波与爆炸气体共同作用理论着重强调炮孔的不耦合装药结构，以降低应力峰值，防止孔壁产生粉碎性破坏或形成多向裂缝，同时延长压力作用于孔壁的时间，使爆生气体的准静态压力作用加强。根据赫伯特·K·怀特的研究，在强大的静应力场作用下，裂缝将沿最大主应力方向扩展。无论成排爆破是否同时起爆，在相邻两孔连心线方向上都会出现应力集中，只要孔内的准静压力作用持续时间较长，且达到一定的量值，裂缝就能沿两孔连线方向开裂。

总之，岩体爆破成缝是由于爆炸应力波和高压爆生气体共同作用形成了应力加强带，当该区域内的应力大于岩体的动态强度极限值时，必然产生岩体断裂破坏形成裂缝。应力波为裂缝的发展创造了有利条件，爆生气体对裂缝的形成起着决定性作用。

3.2.2　光面爆破成缝方向与机理

许多试验资料表明，岩体中的裂缝的产生首先是从炮孔壁开始的，然后裂缝贯通，因此，认为爆炸应力波与爆生气体共同作用理论更接近光面爆破的实际。以下基于爆炸应力波与爆生气体共同作用原理，分析光面爆破裂缝形成贯通过程中的力学特征及其对应的裂缝形成方向。分析中假定岩体是均质的、各向同性的弹脆性体。

炸药在单个炮孔内爆炸瞬间产生初始径向压力 P_r 和初始切向拉应力 P_θ 作用于眼壁（如图 3-1 所示），采用耦合装药结构，要求此径向压力不大于孔壁岩石的动态抗压强度，即不造成压碎性破坏。

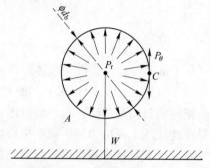

图 3-1　炮孔周边初始径向和切向压力作用示意图

当成排炮孔爆破时，若两炮孔起爆时差较大，不能形成应力波叠加的效果，假定是炮孔 A 先起爆，在炮孔 A 的内压作用下，由于炮孔 B 的存在，造成两炮孔边缘上的应力集中，如图 3-2 所示两炮孔壁上切向应力 σ_θ 的分布状态，如在炮孔连线方向上点 C 处的切向拉应力达到最大值 $P_{\theta\max}$

$$P_{\theta\max} = K_a P_\theta \tag{3-1}$$

式中　K_a——应力集中系数，其值与炮孔直径和炮孔间距有关。

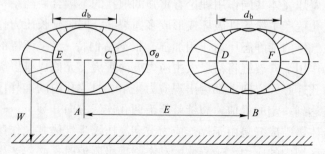

图 3-2　相邻孔影响下炮孔周边切向应力示意图

图 3-3 所示为 K_a 值随炮孔间距与炮孔直径的比值 E/d_b 变化的情况。

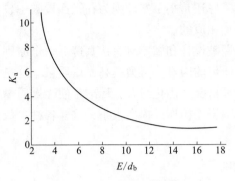

图 3-3　应力集中系数曲线

　　若两炮孔起爆时差很小，产生的应力波能够叠加，那么，A、B 两炮孔壁上的切向拉应力是各自产生的拉应力的线性叠加。

　　由以上分析可知，无论两炮孔是否同时起爆，都会在炮孔连心线上的孔壁位置 C、D、E、F 处产生最大切向拉应力集中，存在最大切向拉应力 $P_{\theta max}$。由于岩体的抗拉强度远小于其抗压强度（光面爆破正是根据岩体的这一特征），因此当炮孔内的径向压力达到一定值时，眼壁上最大切向拉应力将大于岩体的动态抗拉强度，岩体将于眼壁处开始起裂，同时使初始径向压力不致大于岩体的动态抗压强度，可以保证眼壁不产生压碎性破坏。由于眼壁最大切向拉应力位于炮孔连心线上，因此，当成排爆破时，岩体首先在炮孔间连心线方向的孔壁处产生拉断破坏，形成开裂裂缝，并且是孔壁周围最长的裂缝，其值为：

$$r_{k} = \left(\frac{P_{\theta}}{S_{t}^{D}}\right)^{\frac{1}{\alpha}} \frac{d_{b}}{2} \qquad (3-2)$$

式中　　r_{k} ——孔壁对应连心线上的裂缝长度；

　　　　S_{t}^{D} ——岩体的动抗拉强度；

　　　　α ——应力波衰减系数。

　　岩体爆破成缝是在瞬间完成的，在眼壁裂缝形成的同时，爆破产生的高温高压气体楔入裂缝，使裂缝产生断裂破坏，由于眼壁连心线方向裂缝的导向作用，在高温高压气体准静压力作用下，裂缝必然沿炮孔连心线方向扩展、贯通。

3.3　光面爆破常用经验参数

　　光面爆破时，涉的参数很多，最主要的参数有炸药及装药结构、不耦合系数、炮孔间距、最小抵抗线、炮孔深度、岩石坚硬程度、炮孔填塞，等等。这些参数都可直接影响光爆质量，它们是光面爆破最基本的也是最关键的因素。因此，合理正确地选择和确定这些参数，显得至关重要。

　　笼统地讲，上述诸参数并不都是越大越好或越小越好。就其中某一具体参数而言，也很难说是大了好还是小了好。因为在光面爆破中，它们不是孤立的，而是既互相制约，又相辅相成的。

这就要求在光面爆破设计和施工时，认真遵循一个原则，这个原则就是利用一切有利于提高光爆质量的因素，努力提高光爆质量。这是个核心问题。实际工程中，应将诸参数合理搭配、优化组合，标准是使光爆质量达到最佳状态，也就是使断面成形规整、围岩无损伤或损伤很小，这样各种参数也就从整体上相应达到最佳了。

3.3.1　炸药及装药结构

从理论上讲，光爆要求的炸药应是爆速低、猛度低、密度低、爆炸稳定性高的低级或低中级炸药。目前我国光爆施工中，主要使用硝铵类炸药、胶质类炸药以及专门的光爆专用炸药等，这些炸药都符合上述低爆速、低猛度、低密度的要求。装药结构常采用不耦合装药，可以改变装药结构，如采用细长管装药、小管装药、空气间隔装药以及普通药卷常规装药（当岩石较硬时），来实现光面爆破。孔口常用炮泥堵塞或不堵塞且反向装药。

在光爆作业中，曾经有一种片面的看法，认为岩石爆不下来，只要多装些炸药就行，甚至不惜加倍装药。其实爆破效果的好坏与炮孔的布置、炮孔深度、角度、药量和装药结构、起爆时差、孔距和抵抗线厚度等参数都是有关系的，药量是其中的一个因素。药量过多，不但浪费炸药，还会带来不良后果，破坏了围岩稳定，造成超挖、炮震裂缝增加，甚至引起塌方。除此之外，还会增加有害气体含量，延长排烟时间等。装药量一般以 70~150g/m 为宜。

3.3.2　不耦合系数

不耦合系数的选取应以光爆成形规整、围岩损伤小为目的。形成不耦合装药的途径，一是不改变现有硝铵类炸药药卷直径（$\phi32\sim35\mathrm{mm}$）而加大炮孔直径。二是改变现有的药卷直径为小直径药卷（$\phi20\sim22\mathrm{mm}$）或采用光爆专用炸药。实践证明，在一般地下光爆工程中，不耦合系数选用 1.5~2.0 光爆效果最好。

3.3.3　炮孔间距 E 和最小抵抗线 W

炮孔间距 E 和最小抵抗线 W 是光爆的两个重要参数。两者之间的比例关系依岩性的不同而变动，同时也受炮孔深度和装药结构等因素的影响。在软岩和节理发育的岩层中，因软弱岩体的抗拉、抗压比值相对较大，也就是抗拉强度相对较大，所以孔距可以缩小，而抵抗线可以相对加大；在坚硬完整的岩体中因坚硬完整的岩体抗拉、抗压强度比值相对较小，也就是其抗拉强度相对较小，所以孔距可以加大，而抵抗线厚度可以缩小。这主要考虑到岩体抗拉、抗压强度比值的变化，以及考虑到在坚硬完整的岩体上，岩石的破坏是冲击波占主导地位；而在软弱围岩中，岩石的破坏是爆破产生的气体的膨胀压力占主导地位。实践证明：一般软弱岩体、中等坚硬的岩体和比较坚硬的岩体，孔距要小于或等于抵抗线厚度，这样，可使相邻两眼孔产生的应力波相遇，才能在达到抵抗线边缘之前贯通孔距。但是，考虑到雷管本身的误差以及起爆时差，实际上不可能做到炮孔同时起爆，总会有些误差，这就必然考虑到两孔间的贯穿裂缝，有时要靠先起爆的那个眼孔来完成的可能性，所以孔距应比抵抗线小些，才容易实现。

具体说，通常在地下工程中，孔距 E 值可选在 300~650mm 左右。当岩石较软弱、节理裂隙较发育或坑道跨度较小时，E 值可适当减少为 300~400mm；中等硬度或在中等硬度以上的岩石，E 值可选在 400~500mm；岩石坚硬完整时，可选在 450~650mm。国内有人建议，把孔距 E 值定为炮孔直径 d 的 15 倍。

抵抗线厚度 W 值的选择通常为 300~700mm，当岩石较软弱时，W 值可选在 450~700mm；中等硬度时，W 值可选在 350~600mm；坚硬完整时可选在 300~500mm。孔距 E 和抵抗线厚度 W 的比值 E/W 称为炮眼密集系数，用符号 m 表示，一般取 m 值在 0.6~1.2 之间。坚硬完整和比较坚硬的岩体，密集系数取 0.8~1.2；岩石特别坚硬时，m 最大可取到 1.5；中等及中等以下的岩体中，密集系数 m 值取 0.6~1.0。

3.3.4 炮孔深度 L

实际施工中，小于 1.2m 的炮孔不多装药就不容易爆下来，原因是眼孔较浅时，炸药的爆生气体很容易从孔口处释放掉，这就是人们常说的"打枪效应"。炮孔越浅，原生气体从孔口处释放量相应越大。只有相应的多装药加以补偿才能爆掉。但多装炸药造成浪费，也对稳定围岩不利。所以，一般情况下不提倡眼孔深度少于 1.2m。面向深孔方向发展是很有前途的。有关炮孔深度的确定，现行有关规定是：当炮孔深度不足 1.8m 时为浅孔爆破；当炮孔深度在 1.8~2.5m 时为中深孔爆破；孔深超过 2.5m 时为深孔爆破。目前的隧道及地下工程中，深孔和中深孔爆破发展很快，技术正在逐步成效。

3.3.5 国内外常用经验参数

光爆参数的确定，在很大程度上都必须以岩石坚硬程度和完整程度为依据。因此，在选择与确定其他光爆参数时，必须弄清岩石参数在光爆中的地位与作用，特别是它对装药量的影响。通常，岩石越硬，装药量应越多。但二者也不是线性关系，岩石越硬就越脆，其抗拉强度随抗压强度的增加而相应增长得很慢。因此，岩石抗拉强度远远小于抗压强度是光面爆破的一个重要考虑因素。

在光面爆破工程中，参数的选取和确定往往依据大量工程实践积累下来的经验，见表 3-1 和表 3-2 国内外常用光面爆破参数。对于一般的爆破工程，根据经验选择参数能够实现快速高效的施工组织，并且爆破效果基本上能达到工程要求。但是，对于一些环境特殊、复杂的爆破工程（如软弱破碎岩体、高地应力环境），或者对巷道围岩稳定性要求很高的爆破工程，由于经验法没有考虑光爆层损伤和地应力等具体工程客观因素的影响，爆破质量很难达到预定目标，因此，对此类光面爆破，必须按光爆成缝机制，依据具体工程环境，对这些参数进行组织和优化，以保证爆破质量。

表 3-1　国内光面爆破常用参数

围岩条件	巷道洞室宽度/m		周边眼爆破参数				
			孔径/mm	孔间距/mm	光面层厚度/mm	密集系数	线装药密度/kg·m^{-1}
稳定性好的中硬和坚硬岩石	拱部	<5	35~45	600~700	600~700	1.0~1.1	0.20~0.30
		>5	35~45	700~800	700~900	0.9~1.0	0.20~0.25
	侧墙		35~45	600~700	600~700	0.9~1.0	0.20~0.25
稳定性一般的中硬和坚硬岩石	拱部	<5	35~45	600~700	600~700	0.9~1.0	0.20~0.25
		>5	35~45	700~800	800~1000	0.8~0.9	0.15~0.20
	侧墙		35~45	600~700	700~800	0.8~0.9	0.20~0.25
稳定性差、裂缝发育的松软岩石	拱部	<5	35~45	400~500	700~900	0.6~0.8	0.12~0.18
		>5	35~45	500~700	800~1000	0.5~0.7	0.12~0.18
	侧墙		35~45	600~700	700~900	0.7~0.8	0.15~0.20

表 3-2　国外光面爆破参数

炮眼直径/mm	线装药密度/kg·m^{-1}	炸药类型	药包直径/mm	光爆参数		预裂爆破周边眼间距 E/mm
				E/mm	W/mm	
30		古利特	11	500	700	250~500
37	0.12	古利特	17	600	900	300~500
44	0.17	古利特	17	600	900	300~500
50	0.25	古利特	22	800	1100	450~700
62	0.35	纳毕特	22	1000	1500	550~800
75	0.5	纳毕特	25	1200	1600	600~900
87	0.7	狄纳米特	25	1400	1900	700~1000
100	0.8	狄纳米特	20	1600	2100	800~1200
120	1.4	纳毕特	40	2000	2700	1000~1600
150	2.0	纳毕特	50	2400	3200	1200~1800
200	3.0	狄纳米特	52	3200	4000	1500~2100

总之，只有科学、合理地选择与确定这些参数，并加以合理搭配、组合、优化，才能从根本上提高光爆质量。当然，影响这些参数选择与确定的因素也很多，除了应从理论上进一步研究、探索以外，实践上也应及时总结经验，摸索规律，逐步加以提高、创新、完善。

3.4 光面爆破理论计算公式

光面爆破技术被广泛应用于隧道开挖、井巷掘进及边坡切割等工程，其目的主要是控制和减少爆破对保留岩体的损伤、保护和维持其承载能力；并保证爆后成形规整、超欠挖量小，减少支护工作量和材料消耗。目前在光爆机理及光爆参数的理论计算上研究颇多，得出了一些有益的结论。然而，由于岩石条件复杂多变及炸药爆炸破岩机理的复杂性和不确定性，现有光面爆破参数理论计算公式形式多样，考虑因素也各有差异且不全面，其适用条件有限，工程上光面爆破参数多依据经验而定，常出现爆破效果不理想、成形不规整和围岩损伤严重等现象，致使巷道围岩的稳定性能受到弱化，光面爆破技术应用推广受到制约。因此，有必要建立一个具有一般代表性，能适用于多数工程场合，爆破效果良好的光面爆破参数理论计算公式。

从理论上讲，光面爆破参数的确定不仅要考虑爆炸应力波的作用，而且不能忽略爆生气体的准静压力作用，因此，公式可根据爆炸应力波和爆生气体共同作用理论进行推导。

露天开采的矿山一般在采至深部后转入地下开采，因此，露天转地下开采的矿山普遍具有原岩应力高的特点，并且两个开采系统的相互影响、相互叠加，还具有应力环境复杂的特点；另外，现代采矿工程向深部发展的趋势明显，巷洞挖掘将经常面临高应力环境，所以，公式中应该考虑高原岩应力的影响。

采用光面爆破掘进岩石巷道，无论是预留光爆层或是一次爆破成巷的爆破方式，都无法避免内圈眼崩落岩石对光爆层甚至围岩造成损伤，因此，周边眼的爆破实际上是在损伤岩体中进行的，光爆参数的设计应计入损伤影响。

综上所述，基于爆炸应力波和爆生气体综合作用理论，考虑原岩应力和振动损伤影响，本节提出岩体巷道光面爆破参数确定的计算方法，为光面爆破设计和施工提供支持。

3.4.1 光爆层原岩应力

一般情况下，井巷光面爆破多采用一次光爆成型、分段起爆的顺序，光爆层在内圈眼起爆崩落数段后起爆，因此，光爆层范围岩石经历了原岩应力重新分布的过程，如原岩应力较大，重分布后的二次应力对光爆层的崩落有一定的影响。假定巷道断面为直墙圆拱形，则光面爆破条件下原岩应力及二次应力分布如图 3-4

所示，根据弹性理论[171]，以巷道圆拱中心为极坐标原点，则周边眼连线上某点的二次应力可表示为：

$$\begin{cases} \sigma_r = \dfrac{1}{2}(p+q)\left(1 - \dfrac{(R-W)^2}{R^2}\right) + \dfrac{1}{2}(q-p)\left(1 - \dfrac{4(R-W)^2}{R^2} + 3\dfrac{(R-W)^4}{R^4}\right)\cos2\theta \\[3mm] \sigma_\theta = \dfrac{1}{2}(p+q)\left(1 + \dfrac{(R-W)^2}{R^2}\right) - \dfrac{1}{2}(q-p)\left(1 + 3\dfrac{(R-W)^4}{R^4}\right)\cos2\theta \\[3mm] \tau_{r\theta} = \dfrac{1}{2}(p-q)\left(1 + 2\dfrac{(R-W)^2}{R^2} - 3\dfrac{(R-W)^2}{R^2}\right)\sin2\theta \end{cases}$$

$$(3\text{-}3)$$

式中　　p，q——原岩应力的垂直分量和水平分量；

　　　　R——巷道半径；

　　　　W——周边孔抵抗线；

　　　　θ——所求应力点径向与水平线的夹角。

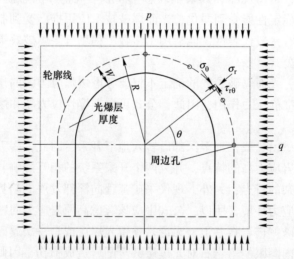

图 3-4　光面爆破周边眼原岩应力分布

如果 $p = q = \gamma H$，则式（3-3）变为

$$\begin{cases} \sigma_r = \gamma H[1 - (R-W)^2/R^2] \\ \sigma_\theta = \gamma H[1 + (R-W)^2/R^2] \\ \tau_{r\theta} = 0 \end{cases}$$

$$(3\text{-}4)$$

实际上，周边眼的存在可能导致内圈眼爆破后其周边应力再次重新分布，然而周边眼孔径较小，应力作用范围很小，故式（3-3）和式（3-4）表示的周边眼连线上二次应力的分布没有考虑周边眼本身的影响。在静水压力条件下，周边眼孔壁上各点的径向应力和剪应力都为零，故切向应力为：

$$\sigma_{\theta\beta} = (\sigma_r + \sigma_\theta) + 2(\sigma_r - \sigma_\theta)\cos(2\beta) \tag{3-5}$$

式中　β ——炮孔壁任一点对应径向与周边炮孔连线的夹角，炮孔连线方向上
　　　　　　$\beta = 0°$，$\sigma_{\theta 0} = 3\sigma_r - \sigma_\theta$。

3.4.2　岩石爆破损伤特征

炸药在岩体内爆炸，将预定开挖范围内的岩体破碎的同时，必然对保留岩体造成一定的损伤和破坏，使围岩的力学性能劣化，其内部裂纹扩展，完整性招致破坏，从而使围岩的承载能力及稳定性降低；光面爆破条件下，内圈眼的爆破引起光爆层岩体甚至周边围岩的损伤或破坏，只有在对损伤和破坏的程度及范围作出正确的分析，对周边眼爆破的参数进行调整后，才可能获得理想的光爆效果。

国外对岩石爆破损伤特征的研究颇多，最初采用损伤理论的手段来研究岩石爆破问题的当以美国 Sandian 国家实验室为代表。Grady 和 Kipp 提出了岩石爆破的各向同性损伤模型（GK 模型）[172]，后经 Taylor、Chen、Kuszmaul 等人研究，提出了可用于计算岩石在体积拉伸载荷作用下的动态响应的 TCK 模型[173]。此后，在以上模型基础上，又有人提出了其他一些爆破损伤模型，如 Kuszmaul、Throne 等人。

国内在此问题上相继开展了多方面的研究，对促进岩石爆破损伤理论的发展和应用作出了重大贡献。如杨小林[174,175]，刘红岩[176]，杨军[177,178]分别就损伤机理和爆破损伤模型开展了深入研究。

岩石爆破损伤模型主要由裂纹密度、损伤演化规律和有效模量表达的应力-应变关系三部分组成[178]。岩石中的损伤裂纹密度可表示为：

$$C_d = \frac{5k(\varepsilon - \varepsilon_d)^m}{2}\left(\frac{K_{IC}}{\rho c \varepsilon_{max}}\right)^2 \tag{3-6}$$

式中　k，m ——材料常数；
　　ε，ε_d，ε_{max} ——分别为体积应变、扩容应变和最大应变率；
　　　　K_{IC} ——断裂韧性；
　　　　ρ ——材料密度；
　　　　c ——声波速度。

损伤参量可表示为：

$$\xi = 1 - K_e/K = \frac{16}{9}\left(\frac{1 - \mu_e^2}{1 - 2\mu_e}\right)C_d \tag{3-7}$$

式中　K_e ——有效体积模量；
　　　K ——体积模量；
　　　μ_e ——有效泊松比，$\mu_e = \mu(1 - 16/9)C_d$。

根据连续介质力学的唯象法，损伤材料的本构关系可表示为：

$$P = 3K_e(\varepsilon - \varepsilon_d) \tag{3-8}$$

$$S = 3K_e(1 - 2\mu_e)e/(1 + \mu_e) \tag{3-9}$$

式中　P——体积应力；

　　　S——应力偏量；

　　　e——应变偏量。

式（3-6）~式（3-9）形成闭合的本构关系方程组，即岩石爆破损伤模型。

岩石爆破受损后，其力学性质发生改变，受损后的静态单向抗压强度、静态单向抗拉强度、应力波衰减系数、泊松比和损伤前相应参数有如下关系[136]：

$$S_{ce} = (1 - \xi)S_c \tag{3-10}$$

$$S_{te} = (1 - \xi)S_t \tag{3-11}$$

$$\alpha_e = \frac{\alpha}{1 - \xi} \tag{3-12}$$

$$\mu_e = \mu\left(1 - \frac{16}{9}C_d\right) \tag{3-13}$$

式中　S_c，S_{ce}——分别为岩石受损前后静态单向抗压强度；

　　　S_t，S_{te}——分别为岩石受损前后静态单向抗拉强度；

　　　α，α_e——分别为岩石受损前后应力波衰减系数；

　　　μ，μ_e——分别为岩石受损前后泊松比。

爆炸载荷作用在岩石中形成的损伤场是一个非均匀的各向异性的矢量场，目前尚不能求得其解析解。即便求其数值解，也是一个十分复杂的过程，其中还有许多问题亟待研究解决。但通过测量崩落眼爆破前后岩石中的弹性纵波速度，可方便地得到崩落爆破对光爆层岩石的损伤因子，这在工程中是容易实现的。

3.4.3　光爆参数的理论计算

根据爆炸应力波和爆生气体准静压力共同作用机理和内圈眼崩落引起原岩应力重新分布后的应力状态，去掉对裂缝产生、贯通作用不大的应力，简化得到光面爆破理论参数计算力学模型（图3-5）。

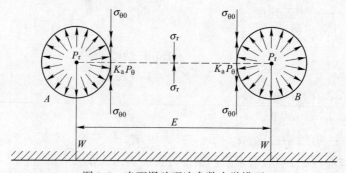

图 3-5　光面爆破理论参数力学模型

3.4.3.1 装药结构及装药量

理论研究和生产实践证明，较为合理的光面爆破装药结构是炮孔不耦合装药，包括径向间隙不耦合和轴向垫层不耦合装药结构，较多是以空气作为不耦合介质[7]。空气的存在，缓冲和降低了爆炸冲击压力对眼壁的冲击破坏作用；延长了爆生气体对岩石的静压作用时间，利于周边贯通裂缝的形成；爆生气体压力沿炮孔全长均匀分布，改善了岩石的破碎块度。

A 装药结构参数

装药结构参数主要是径向不耦合系数 K_d 和轴向不耦合系数 K_l。基于爆炸应力波和爆生气体共同作用原理，并根据光面爆破的要求，确定光爆装药结构参数应从以下两个方面综合分析：眼壁初始径向冲击压力不大于受损岩石的动态抗压强度；眼壁初始切向拉应力不小于受损岩石的动态抗拉强度。即有下式成立：

$$p_r \leqslant K_D(1 - \xi)S_c \tag{3-14}$$

$$K_a p_\theta - \sigma_{\theta 0} = \lambda K_a p_r - \sigma_{\theta 0} \geqslant (1 - \xi)S_t^D \tag{3-15}$$

式中 p_r，p_θ ——分别为眼壁初始径向压力和初始切向拉力；

       K_D ——动载荷下岩石强度提高系数，可取 $K_D = 10$，$K_D S_c$ 即为岩石的动态抗压强度；

       K_a ——由于炮孔导向而在炮孔连心线方向产生的眼壁初始切向拉应力集中系数，可近似取 $K_a = 2$；

       S_t^D ——岩石动态抗拉强度，因其受加载速度影响较小，可认为其与静态抗拉强度相等，即 $S_t^D = S_t$；

       $\sigma_{\theta 0}$ ——炮孔周边切向应力，方向与眼壁初始切向拉应力相反，不利于眼壁起裂，其作用相当于增大了岩石的抗拉强度。

当同时采用轴向和径向不耦合装药且忽略炮泥长度不计时，眼壁初始压力可按式（3-16）计算：

$$p_r = \frac{1}{8} \rho_0 D^2 K_d^{-6} K_l^{-1} n \tag{3-16}$$

式中 ρ_0 ——炸药密度；

       D ——爆速；

       n ——爆生气体碰撞眼壁时的压力增大倍数，可取 $n = 10$。

光面爆破多采用特制小药卷，炮孔直径一般根据钻头可知，则径向不耦合系数确定，由式（3-14）~式（3-16）可得轴向不耦合系数为：

$$\frac{n\rho_0 D^2}{8K_D(1 - \xi)S_c K_d^6} \leqslant K_l \leqslant \frac{n\lambda K_a \rho_0 D^2}{8[(1 - \xi)S_t + \sigma_{\theta 0}]K_d^6} \tag{3-17}$$

B 装药量计算

当径向和轴向不耦合系数确定后，装药集中度及单孔装药量也就确定下来：

$$q_1 = \frac{\pi d_c^2 \rho_0}{4K_1} = \frac{\pi d_b^2 \rho_0}{4K_1 K_d^2} \tag{3-18}$$

式中 q_1 ——装药集中度；

d_c，d_b ——分别为装药直径和炮孔直径。

3.4.3.2 炮眼间距 E

确定炮眼间距的方法有多种，目前公认的理论基础是爆炸应力波和爆生气体共同作用下的爆破成缝理论。各装药激起的应力波先在各自炮眼壁上产生初始裂缝，然后在爆生气体静压作用下扩展贯穿，因此形成贯穿裂缝的条件可近似用下列平衡来表示[121]：

$$d_b p_b = (E - 2r_k)(1 - \xi)S_t \tag{3-19}$$

$$r_k = \left(\frac{\lambda p_r}{(1 - \xi)S_t + \sigma_r}\right)^{\frac{1-\xi}{\alpha}} \frac{d_b}{2} \tag{3-20}$$

式中 α ——应力波衰减指数，$\alpha = 2 - \lambda$；

r_k ——爆炸应力波在眼壁上形成的初始裂缝长度；

p_b ——爆炸气体充满炮眼时的准静压力，可按等熵膨胀过程计算。

炮孔连线上二次应力 σ_r 的作用相当于增加了岩石的抗拉强度。

$$p_b = p_k \left(\frac{p_0}{p_k}\right)^{\frac{r}{k}} \left(\frac{v_c}{v_b}\right)^r = p_k \left(\frac{p_0}{p_k}\right)^{\frac{r}{k}} K_d^{-2r} K_1^{-r} \tag{3-21}$$

式中 k ——熵指数，一般取 $k = 3$；

r ——绝热指数（$r = 1.2 \sim 1.3$）；

p_k ——临界压力，计算时可取 $p_k = 200\text{MPa}$；

p_0 ——爆生气体的初始平均压力，可按式（3-22）计算。

$$p_0 = \frac{1}{8} \rho_0 D^2 \tag{3-22}$$

根据式（3-19）~式（3-22）可得到炮孔间距 E 的计算公式：

$$E = d_b \left[\left(\frac{\lambda p_r}{(1 - \xi)S_t + \sigma_r}\right)^{\frac{1-\xi}{\alpha}} + \frac{p_k (p_0/p_k)^{\frac{r}{k}} K_d^{-2r} K_1^{-r}}{(1 - \xi)S_t}\right] \tag{3-23}$$

3.4.3.3 最小抵抗线 W

为使光爆层脱离原岩体，并防止在反射波作用下产生超挖，必须合理确定周边眼的最小抵抗线，即光爆层的厚度。最小抵抗线过大，光爆层岩石将得不到适当的破碎，甚至不能使其沿炮眼底部最小抵抗切割下来；反之，最小抵抗过小，在反射波作用下，围岩内将产生较多、较长的裂隙，影响巷道围岩的稳定性，甚至造成围岩片落、超挖和巷道壁面的凹凸不平。在周边眼同时起爆条件下，为了屏蔽应力波反射对围岩造成破坏，必须满足式（3-24）：

$$\frac{2W}{c_p} \geqslant \frac{E}{2u_c} \tag{3-24}$$

即

$$m = \frac{E}{W} \leqslant \frac{4u_c}{c_p} \tag{3-25}$$

式中　c_p——纵波波速；

　　　u_c——炸药爆炸后周边眼裂缝扩展平均速度；

　　　m——炮眼密集度系数，一般可取 $m = 0.6 \sim 1.2$，硬岩取大值，软岩取小值。

光爆层岩石的崩落类似于露天台阶爆破，故可用豪柔公式来确定最小抵抗。即：

$$W = \frac{q_b}{cEl_b} \tag{3-26}$$

式中　q_b——炮眼内的装药量；

　　　l_b——炮眼长度；

　　　c——爆破系数，相当于单位耗药量，对于 $f = 4 \sim 10$ 的岩石其值变化范围为 $0.2 \sim 0.5 kg/m^3$。

3.4.4　光面爆破理论计算公式的讨论

以上径向不耦合系数、轴向不耦合系数、装药集中度、炮孔间距和最小抵抗线等光面爆破参数理论计算不仅考虑了岩石条件、炸药性能、爆炸应力波的作用，还考虑了爆生气体压力作用、损伤引起岩性变化的作用以及高原岩应力的作用。因此，公式适用范围比较广泛。

在光面爆破实际工程中，由于工程环境相对简单，可能有某个或几个因素不需要考虑，这时光面爆破参数理论计算公式也应该能根据实际作出相应调整，从而求得符合实际的理论参数。

3.4.4.1　只计入损伤而不考虑原岩应力的计算公式

（1）装药结构参数。不耦合系数可根据式（3-17）去掉 $\sigma_{\theta 0}$：

$$\frac{n\rho_0 D^2}{8K_D(1-\xi)S_c K_d^6} \leqslant K_l \leqslant \frac{n\lambda K_a \rho_0 D^2}{8[(1-\xi)S_t]K_d^6} \tag{3-27}$$

（2）炮孔间距可根据式（3-23）去掉 σ_r：

$$E = d_b \left[\left(\frac{\lambda p_r}{(1-\xi)S_t} \right)^{\frac{1-\xi}{\alpha}} + \frac{p_k(p_0/p_k)^{\frac{r}{k}} K_d^{-2r} K_l^{-r}}{(1-\xi)S_t} \right] \tag{3-28}$$

其他公式不变。

3.4.4.2　只计入原岩应力而不考虑损伤的计算公式

（1）装药结构参数。不耦合系数可根据式（3-17）去掉 $(1-\xi)$：

$$\frac{n\rho_0 D^2}{8K_D S_c K_d^6} \leqslant K_l \leqslant \frac{n\lambda K_a \rho_0 D^2}{8(S_t + \sigma_{\theta 0})K_d^6} \tag{3-29}$$

（2）炮孔间距可根据式（3-23）去掉 $(1-\xi)$：

$$E = d_b \left[\left(\frac{\lambda p_r}{S_t + \sigma_r} \right)^{\frac{1}{\alpha}} + \frac{p_k(p_0/p_k)^{\frac{r}{k}} K_d^{-2r} K_l^{-r}}{S_t} \right] \tag{3-30}$$

其他不变。

3.4.4.3　损伤和原岩应力都不考虑的计算公式

（1）装药结构参数。不耦合系数可根据式（3-17）去掉 $(1-\xi)$ 和 $\sigma_{\theta 0}$：

$$\frac{n\rho_0 D^2}{8K_D S_c K_d^6} \leqslant K_l \leqslant \frac{n\lambda K_a \rho_0 D^2}{8S_t K_d^6} \tag{3-31}$$

（2）炮孔间距可根据式（3-23）去掉 $(1-\xi)$ 和 σ_r：

$$E = d_b \left[\left(\frac{\lambda p_r}{S_t} \right)^{\frac{1}{\alpha}} + \frac{p_k(p_0/p_k)^{\frac{r}{k}} K_d^{-2r} K_l^{-r}}{S_t} \right] \tag{3-32}$$

其他不变。

式（3-31）和式（3-32）可用于埋藏深度不大，即原岩应力不高和对围岩破坏要求不是很严格或岩性条件较好的光面爆破工程。

3.4.4.4　不考虑爆生气体作用的计算公式

当岩石比较坚硬、完整时，对裂缝产生、贯通起主要作用的是炸药爆炸产生的应力波，因此在参数设计时可以不考虑爆生气体的压力作用。

不耦合系数可根据实际条件按式（3-17）、式（3-27）、式（3-29）或式（3-31）计算；炮孔间距可按下列公式计算。

当同时计算损伤和原岩应力时，炮孔间距可根据式（3-23）去掉爆生气体作用项，即：

$$E = d_b \left(\frac{\lambda p_r}{(1-\xi)S_t + \sigma_r} \right)^{\frac{1-\xi}{\alpha}} \tag{3-33}$$

不考虑损伤时的炮孔间距为：

$$E = d_b \left(\frac{\lambda p_r}{S_t + \sigma_r} \right)^{\frac{1}{\alpha}} \qquad (3\text{-}34)$$

不考虑原岩应力时的炮孔间距为：

$$E = d_b \left(\frac{\lambda p_r}{(1 - \xi) S_t} \right)^{\frac{1-\xi}{\alpha}} \qquad (3\text{-}35)$$

光爆层损伤和原岩应力同时不考虑时的炮孔间距为：

$$E = d_b \left(\frac{\lambda p_r}{S_t} \right)^{\frac{1}{\alpha}} \qquad (3\text{-}36)$$

由以上分析可知，所推导的光面爆破参数理论计算公式涵盖了多种工程背景，既能够适用于软弱破碎至坚硬完整系列岩石条件，还能考虑损伤影响、原岩应力作用等客观工程条件，可根据工程条件和要求对参数进行调整，所以公式的适用面比较广泛，可为多数光面爆破工程提供相应参数。

3.5 工程实例与结果分析

3.5.1 罗山矿区电耙巷道光面爆破

罗山矿区位于河南省灵宝市西南阳平镇裕口村南 1km 处，地处小秦岭侵蚀构造中山区北坡前缘与黄河断陷盆地的接触地带，山势较低，地形南高北低，海拔标高 640～1100m。多金属矿体位于矿区 F5 含矿构造带第 5 号勘探线～第 4 号勘探线之间，矿体走向长度 710m，厚度 2～29m，平均 10.98m，矿体倾向北，平均倾角 44°，赋存标高+640～+415m，多金属矿体直接顶底板为混合花岗岩和混合花岗伟晶岩，碎裂镶嵌结构类型，受构造影响岩石节理发育，稳定性极差，矿体一经暴露即垮落。经研究论证，拟采用自然崩落法进行开采，设计生产能力为 1350t/d，采用平窿+斜井开拓方式，并在现场进行了矿块采矿试验。

试验矿块位于 505～540m 水平，对应地表标高为 800～860m，电耙道围岩裂隙较发育，强度较低，部分电耙道位于碎裂混合花岗岩、糜棱岩化碎裂混合岩中，电耙道设计毛断面 2.2m×2.2m，长 40～48m。初期采用普通爆破方法进行电耙道的掘进，出现了较多问题，主要是爆后成形失准，超欠挖严重，围岩损伤明显（图 3-6），并且这种损伤不断地累积演化，常出现冒顶、坍塌现象，给巷道支护和后续施工造成很大障碍，为此首先专门对爆破方法进行了改进。

炮孔直径取 $d_b = 40mm$，炮眼长 1.5m；选用 2 号岩石铵梯炸药，密度 $\rho_0 = 1.0g/cm^3$，炸药爆速 $D = 3200m/s$，药卷直径 $d_c = 25mm$，则 $K_d = 1.6$；根据现场声波测试，取周边眼连线上的损伤参量 $\xi = 0.2$。为简化计算，电耙道上部假定为直径 2.2m 的半圆拱，所处的原岩应力为静水压力状态，取 $H=300m$，根据室内测试，岩石单轴抗压强度取 30MPa，单轴抗拉强度 3MPa，岩石平均密度取 2569kg/m³，泊松比取 0.25。

为了比较不同条件下的光爆参数，对一般光面爆破（既不考虑损伤也不考虑原岩应力）、考虑损伤影响及同时考虑损伤和原岩应力影响的三种光面爆破方案参数进行计算，为了

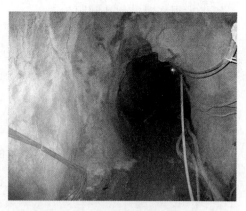

图 3-6　普通爆破巷道形状

便于比较，在计算炮孔间距和最小抵抗线时，三种方案在满足式（3-17）和式（3-18）的条件下保持轴向不耦合系数（取 4.08）和装药集中度（取 0.12 kg/m）不变，结果见表 3-3。

表 3-3　电耙巷道光面爆破主要参数

设计方案	K_d	K_l	$q_1/\mathrm{kg \cdot m^{-1}}$	E/mm	W/mm	m
一般光爆	1.6	2.54~168 4.08	0.003~0.19 0.12	527	755	0.7
考虑损伤影响	1.6	3.18~210 4.08	0.002~0.15 0.12	542	774	0.7
考虑损伤和原岩应力影响	1.6	3.18~35 4.08	0.014~0.15 0.12	453	744	0.6

对三组光面爆破计算方案设计进行了三组现场爆破试验，炮孔长 1.5m，装药结构参数按表 3-3 选取，为了便于施工，炮孔间距和抵抗线值作了微小调整，其值和爆破效果见表 3-4。

表 3-4　电耙巷道光面爆破效果

方案	E /mm	W /mm	炮孔利用率/%	周边控制效果	围岩支护效果 （爆后立即素喷）	岩石破碎块度
1	500	750	91.2	光爆面较规整，少量欠挖，基本无眼痕	喷面未见开裂，未出现片帮及冒落	破碎
2	550	750	89	部分欠挖，无眼痕	喷面未见开裂，未出现片帮及冒落	破碎
3	450	750	95.6	光爆面较规整，少量超挖，可见少量眼痕	素喷面出现少量裂缝，未出现片帮及冒落	破碎

　　对参数计算和爆效的分析和说明：在径向不耦合系数不变的情况下，由方案1与方案2轴向不耦合系数取值范围可知，岩石受损后强度变低，更易于压碎和拉裂；方案2与方案3轴向不耦合系数取值范围的变化说明，原岩应力对孔壁在爆炸动作用下是否压碎影响不大，但对孔壁初始裂纹的形成作用明显，相当于增大了岩石的抗拉强度；由式（3-23）炮孔间距计算可知，岩石受损后，内部微裂纹激活、扩张，应力波衰减系数和能量损耗增大，使应力波作用下的初始裂缝长度减小，然而岩石力学性能的劣化，在爆生气体准静压力作用下形成的裂缝长度增加，两者之和即炮孔间距较不考虑损伤时的要大，这与张成良[135]的研究一致，说明爆生气体准静压力在裂缝的扩展、贯通过程中起主导作用；比较方案2与方案3，在抵抗线不变的条件下，考虑原岩应力后炮孔间距大大减小，原因是在高原岩应力条件下，炮孔连线上各点分布有较大的径向应力，其与炮孔连线大致垂直，相当于提高了岩石的抗拉强度，不利于裂纹的形成和贯通；从爆效上看，方案1、2出现少量欠挖，说明炮眼间距稍大，方案3出现少量超挖（图3-7），致使素喷后紧挨工作面处出现少量裂纹，反映了损伤及原岩应力对光爆影响的复杂性。

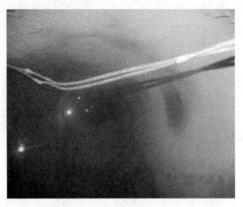

图 3-7　光面爆破巷道形状

　　总体上看，三种方案的岩石破碎块度、围岩整体稳定性都符合要求，但方案3炮孔利用率最高、效果最好，说明本节公式用于光面爆破参数选取是可行的，且能适用于复杂多变的工程环境。

3.5.2　永平铜矿露转坑光爆参数分析

　　永平铜矿露转坑开采采用主斜坡道开拓方案，主斜坡道设在19勘探线矿石运输线路南侧，硐口坐标初步确定为 $X = 21860.000$，$Y = 73720.000$，$Z = 155m$，斜坡道底部标高 $Z = -100m$，总长2306m，断面4.8m×4.2m，坡度12%。辅助斜坡道设在南、北露天矿交界附近的平台上，硐口坐标初步确定为 $X = 19875.000$，$Y = 74720.000$，$Z = 70m$，长度为1635m，断面为 4.8m×4.2m，坡度为 12%。副井设在现破碎场的场地上，副井井口坐标初步确定为 $X = 21750.000$，$Y = 74400.000$，$Z = 180m$，井底标高 $Z = -220.000m$；井深400m，井筒直径 $\phi5.5m$；开拓中段有150m、100m、50m、0m、-50m、-100m、-150m、-200m，首采中段为-100m，-50m 为回风中段。

开拓巷道围岩主要为混合岩，岩石单轴抗压强度 $S_c=97.6$ MPa；岩石单轴抗拉强度 $S_t=4.83$ MPa；取泊松比 $\mu=0.19$；岩石密度 $\rho=2.7$ g/cm^3；周边眼炮孔直径 $d_b=40$ mm；孔深 2.5m；斜坡道断面 4.8m×4.2m。

采用上述光爆参数理论计算公式确定装药结构参数、炮孔间距和最小抵抗线厚度。根据开拓方案，开拓巷道既有位于浅部也有位于深部的，浅部巷道光面参数不考虑原岩应力作用，深部以首采中段−100m水平为例，地面标高以目前露天开采境界50m为基准，两种方案的参数计算都要考虑光爆层损伤的影响。

光爆工程中炸药性能对爆破效果影响明显，提倡使用低密度和低爆速的小直径药卷。若选用上例中 1 号岩石硝铵炸药20mm 直径、600mm 长药卷（殉爆距离5cm，密度 1.05~1.10g/cm^3，实测爆速3341m/s），则径向不耦合系数 $K_d=2$。由于没有相应测度，损伤因子取值为 0.2。

3.5.2.1　浅部光面爆破参数

根据式（3-18）、式（3-27）可得 $1\leqslant K_1\leqslant278$ 及 0.001 kg/m $\leqslant q_1\leqslant0.33$ kg/m，取 $q_1=0.25$ kg/m，则 $K_1=1.32$。由式（3-28）可得炮孔间距 $E=639$ mm，围岩较坚硬，取炮孔密集系数 $m=0.9$，则最小抵抗线厚度 $W=710$ mm。

3.5.2.2　深部光面爆破参数

考虑原岩应力影响，以−100m水平为例，地面标高以目前露天开采境界50m为基准，则 $H=150$ m。为简化计算，在求取应力时认为侧压系数为 1，即应力处于静水压力状态，初步选取抵抗线厚度为710mm，则根据式（3-4）和式（3-5）计算得 $\sigma_r=2.041$ MPa，$\sigma_\theta=6.059$ MPa，$\sigma_{\theta0}=0.064$ MPa。

由于径向不耦合系数没有变化，$K_d=2$，故通过计算，$q_1=0.25$ kg/m，$K_1=1.32$，即装药集中度和轴向不耦合系数也保持不变。由式（3-23）可得炮孔间距 $E=620$ mm，炮孔密集系数 $m=0.9$，最小抵抗线厚度 $W=689$ mm。

由以上计算可知，计入原岩应力影响后炮孔间距和最小抵抗线厚度都略有下降，但幅度不大，因此，无论浅部或深部，均可取炮孔间距 $E=630$ mm，最小抵抗线厚度 $W=700$ mm。永平铜矿露天转地下开采巷道光爆掘进部分参数取值建议见表3-5。

表 3-5　永平铜矿光面爆破建议参数

炸药	径向不耦合系数 K_d	轴向不耦合系数 K_1	装药集中度 q/kg·m^{-1}	炮孔间距 E/mm	最小抵抗线 W/mm	炮孔密集系数 m
1 号岩石硝铵炸药	2.0	1.32	0.25	630	700	0.9

3.6 本章小结

（1）合理选取光面爆破参数是保证爆破效果、控制围岩损伤、提高围岩稳定性能的前提条件，光面爆破参数应根据工程实际条件和环境设定，选取时应考虑影响光面爆破效果的主要因素。

（2）基于爆炸应力波和爆生气体综合作用理论，考虑了炸药性能、岩石条件、原岩应力和光爆层损伤影响，提出了一个考虑因素全面、适用性广、爆破效果好的光面爆破参数理论计算公式，从而有效减小和控制了巷道围岩爆破损伤，为提高巷道的稳定性能提供了一个积极的、主动的、有效的措施。

（3）该公式还可根据工程环境的变化进行相应的调整，能适用于多数光面爆破工程的参数设计，有利于光面爆破技术的推广。

（4）岩石损伤后，其他条件不变，光面爆破的炮孔间距和抵抗线值可适当增大；存在高原岩应力时相当于提高了岩石的抗拉强度，不利于炮孔初始裂纹的形成，宜减小炮孔间距和抵抗线；在深部采用光面爆破进行岩体开挖时应考虑对光爆层应力卸载，以解除高原岩应力的影响，改善爆破效果；高原岩应力和损伤条件下，其他条件不变，光面爆破的炮孔间距减小，容易造成爆后围岩损伤，降低围岩的稳定性能，因此，在着力提高爆破效果的同时应及时加强支护，以确保施工安全和围岩稳定。实践证实，岩石破碎条件下，爆后立即实施喷射混凝土支护是一种有效的方法。

（5）采用推导的理论计算公式，设计了永平铜矿露天转地下联合开采浅部及深部巷道光面爆破参数。建议工程中采用如下参数：炸药用 1 号岩石硝铵炸药（规格 20mm×600mm，殉爆距离 5cm，密度 $1.05\sim1.10\text{g/cm}^3$，实测爆速 3341m/s），炮孔间距 $E=630$mm，最小抵抗线厚度 $W=700$mm，径向不耦合系数 $K_d=2$，装药集中度 $q_1=0.25$kg/m，轴向不耦合系数 $K_1=1.32$。

4 粗糙集-神经网络理论及其在岩层移动参数预测中的应用

4.1 引言

岩层移动角是表征地表移动规律的重要参数之一，也是进行各类保安矿柱设计以及划定地表移动盆地、危险移动边界、保护地表建（构）筑物时常用的关键性参数[179,180]。

目前，岩层移动角预测常规方法主要有工程类比法、理论分析法、数值模拟法和现场监测，或者几种方法的综合应用。这几类方法各有所长，又都存在不足。一方面，影响岩层移动角的因素很复杂，这些因素有些是确定的、定量的，有些是随机的、定性的、模糊的，并存在着复杂的非线性关系；另一方面，大量重复建立地表移动观测站实测求取岩层移动角的方法不仅耗费大量的人力、财力，且周期长，甚至半途而废。因此，常规方法用于准确预测地下开采的岩层移动角难度很大。

粗糙集理论是一种处理不精确、不完整和不确定性问题的数学工具，可在不需要先验知识的情况下通过属性约简有效消除冗余信息，抽取分类规则[181]；而人工神经网络技术具有自组织、自学习和强容错性能，具有同时能处理确定性和不确定信息的动态非线性信息的能力，能建立复杂的非线性映射关系[182,183]，因此，近年来它们都被广泛地应用于数据分类。然而，面对大规模的高维数据分类问题，粗糙集存在分类容错性差、泛化能力弱的问题，神经网络作为分类器存在网络结构复杂、训练时间过长等缺陷[184,185]，因此如何将两者有机结合起来，优势互补，以达到准确、高效的目的是十分重要的。

本章通过分析粗糙集和神经网络的基本原理和特点，将粗糙集和神经网络有机地结合起来，取长补短，建立了粗糙集-人工神经网络预测模型。该模型使用粗糙集作为神经网络预测模型的前端处理器，约简输入因素，达到了科学选择变量、提高模型预测效率和精度的目的；利用 BP 神经网络，建立了从输入到输出的非线性映射关系。根据 34 组实测岩层移动样本数据，利用建立的粗糙集-人工神经网络预测模型，构建了基于粗糙集-人工神经网络的、稳定可靠的岩层移动角预测模型，并用于永平铜矿露天转地下开采岩层移动角的预测。粗糙集-人工神经网络岩层移动角预测模型的建立，为各种条件地下开采岩层移动角的预测提供了一个全新可靠的途径。

4.2 人工神经网络理论

4.2.1 人工神经网络概述

人工神经网络[186,187]（artificiai neural networks，ANN）是一个多学科、综合性研究领域，涉及神经科学、语言学、脑科学、认知科学、计算机科学和数理科学等，是基于连接机制的人工智能模拟[188]。神经网络系统是由大量的，同时也是很简单处理单元（或称为神经元）广泛互相连接而成的复杂网络系统。它是一个高度复杂的非线性动力学系统，具有高维性、广泛互联性和自适应性。

4.2.2 人工神经网络基本原理

人工神经网络是一个并行的分布处理结构，它由处理单元（即人工神经元）及其称为连接的无向信号通道组成[189]。一般而言，一个神经网络模型主要由三方面的要素决定，它们是神经元的计算特性、网络的结构、连接权值的学习规则。人工神经元的结构模型如图 4-1 所示。

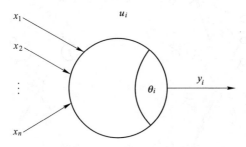

图 4-1　神经元的结构模型

其中 x_1，x_2，$\cdots$，x_n 为输入信号，u_i 为神经元内部状态，θ_i 为阈值，ω_{ij} 为 u_i 到 u_j 连接的权值，$f(\cdot)$ 为激发函数，y_i 为输出，上述模型可以描述为：

$$y_i = f\left(\sum \omega_{ij} x_j - \theta_i\right)$$

即神经元的输出就是各个输入的加权和的函数。这一函数被称为神经元的特性函数或者激活函数。常用的神经元特性函数如图 4-2 所示。

4.2.3 BP 神经网络

BP（backpropagation）网络是一种多层前馈神经网络，因使用误差反向传播算法即 BP 算法进行学习而得名。BP 网络是神经网络中应用最为广泛的一种网络模型。

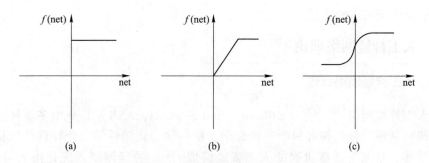

图 4-2 常用的特性函数示意图

（a）阶跃函数；（b）分段线性函数；（c）S（Sigmold）函数

4.2.3.1 BP 神经网络模型

BP 神经网络是一种具有三层或三层以上的神经网络，包括输入层、隐含层（中间层）和输出层。上下层之间实现全连接，每层内神经元之间无连接。图 4-3 所示为 BP 网络结构示意图，其中 f 为隐含层的激活函数，既可以是线性的，也可以是非线性的，主要由输入、输出映射关系确定[190]。

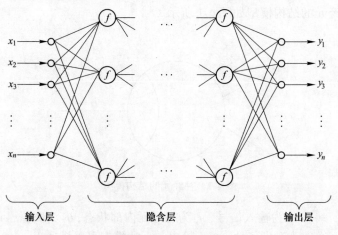

图 4-3 BP 网络结构图

通过调整 BP 神经网络的规模（输入节点数 n、输入层节点数 m 和隐含层层数及隐含层节点数）及网络中连接权值，就可以实现非线性分类问题，并且可以以任意精度逼近任何非线性函数。

4.2.3.2 误差反向传播学习算法

多层前馈网络的误差反向传播算法主要包括两个基本过程，即模式从输入层通过隐含层逐层向输出层传播，误差从输出层经隐含层逐层向后传播。网络通过多层误差修正梯度下降法离线学习，按离散时间方式进行，这一过程是通过使代价函数最小化过程完成的[191]。

4.3 粗糙集理论

粗糙集（rough set，简称 Rs）理论[188]，作为人工智能领域中一种新方法，是继概率论、模糊集理论、证据理论之后又一种处理不确定性信息的数学方法。这一理论能有效分析和处理不精确、不完整和不一致等各种不完备数据，并从中发现隐含知识，揭示潜在规律。粗糙集理论正日益受到重视，已经在决策支持、近似推理、专家系统、过程控制、机器学习、数据库知识发现和模式识别等许多科学与工程领域中得到了成功应用。

4.3.1 粗糙集理论的基本概念

粗糙集理论是面向人类认识知识的数学学科，认为知识是人类对对象进行分类的能力，不可分辨关系是粗糙集理论中的最基本概念。在此基础上，粗糙集理论引入上近似和下近似等概念来刻画知识的不确定性和模糊性；引入约简和求核进行知识的化简等计算[192,193]。

定义 4-1 给定知识库 $K = (U, R)$ 和 U 的分类 U/R，对每个子集 $X \subseteq U$，把以下两个集合分别称为 X 的 R 下近似和 R 上近似。

$$\underline{R}X = \cup \{x \in U: [x]_R \subseteq X\} \tag{4-1}$$

$$\overline{R}X = \cup \{x \in U: [x]_R \cap X \neq \phi\} \tag{4-2}$$

由此可定义其他几个概念：集合 $bn_R(X) = \overline{R}X - \underline{R}X$ 称为 X 的 R 边界域；$pos_R(X) = \underline{R}X$ 称为 X 的 R 正域；$neg_R(X) = U - \overline{R}X$ 称为 X 的 R 负域。

4.3.1.1 集合的近似精度和粗糙度

定义 4-2 （近似精度和粗糙度） 给定一个论域 U 和 U 上的一个等价关系 R，$\forall X \subseteq U$，称等价关系 R 定义的集合 X 的近似精度和粗糙度分别为：

$$\alpha_R(X) = \frac{\mathrm{Card}(\underline{R}X)}{\mathrm{Card}(\overline{R}X)} \tag{4-3}$$

其中，$X \neq \phi$，$\mathrm{Card}(\cdot)$ 表示取集合中元素的个数。

$\rho_R(X) = 1 - \alpha_R(X)$ 称为 X 的 R- 粗糙度（R-roughness）。

整个知识库 R-粗糙度定义为：

$$\gamma_R = 1 - \frac{\sum \mathrm{Card}(\underline{R}X_i)}{\mathrm{Card}(U)} \tag{4-4}$$

集合的不精确性是由于边界区域的存在引起的，边界区域越大，其精确性越低，对应粗糙度越高。

4.3.1.2　系统参数的重要度

定义 4-3　（知识库中系统参数的重要度）　给定一个知识库 $K = (U, S)$，$R \in \mathrm{IND}(K)$ 表示描述系统特性的一组或单个的系统参数。$\forall X \subseteq U$，定义集合 X 关于系统参数 R 的重要度为：

$$\mathrm{sig}_R(X) = \frac{|U - bn_R(X)|}{|U|} \tag{4-5}$$

可见，系统参数 R 的重要度越大，集合 X 的 R 边界域越小。

4.3.1.3　知识的依赖度

定义 4-4　（知识的依赖度）　给定一个知识库 $K = (U, S)$，$\forall P, Q \in \mathrm{IND}(K)$，定义

$$\gamma_P(Q) = k = \frac{|\mathrm{pos}_p(Q)|}{|U|} = \frac{\left| \bigcup_{X \in U/Q} P(X) \right|}{|U|} \tag{4-6}$$

为知识 Q 依赖于知识 P 的程度，简记为 $P \Rightarrow_k Q$。

从知识依赖程度的定义可知，当 $P \Rightarrow_k Q$ 时，则由 Q 导出的分类 U/Q 的正域覆盖了知识库中论域 U 的 $k \times 100\%$ 个元素。

4.3.1.4　属性重要度

由知识依赖度可定义出决策表中属性的重要度。

定义 4-5　（属性重要度）　给定决策表 $DT = (U, C \cup D, V, f)$，$\forall B \subseteq C$，$\forall \beta \in C$ 以及 $\forall \alpha \in C - B$，定义：

$\mathrm{sig}(\alpha, B; D) = \gamma_{\mathrm{IND}(B \cup \{\alpha\})}(D) - \gamma_{\mathrm{IND}(B)}(D)$ 为条件属性 α 对条件属性 B 相对于决策属性 D 的重要度；

$\mathrm{sig}(\beta, C; D) = \gamma_C(D) - \gamma_{C - \{\beta\}}(D)$ 为条件属性 β 对条件属性全集 C 相对决策属性 D 的重要度。

4.3.2　数据离散化

粗糙集理论中，连续属性离散化的根本出发点是在尽量减少决策系统信息损失的前提下（保持决策系统中不同类别对象的可分辨关系），得到简化的和浓缩的决策系统，以便用粗糙集理论分析和获得决策所需要的知识。

从本质上来看，连续属性的离散化过程就是用一定的闭值（粗糙集理论的离散化中称之为"断点"）对属性空间进行划分的过程。为了提高机器学习算法

的聚类能力和识别能力，离散化过程要求防止对属性空间过分细化。这样，在保证离散化结果性能要求的前提下，用尽可能少的断点将属性空间划分成尽可能少的子空间，就成为离散化算法的追求目标。

数据离散方法主要有人工划分等距离散化算法和等频离散化算法、信息熵离散化算法、自然（Nalvesealer）算法和半自然（semi-Nalvesealer）算法、Ns 算法（布尔推理）。

4.3.3 决策表的属性约简

决策表的属性约简的最优结果是能够找到包含条件属性数目最少的约简，也称最小约简，它能使决策规则的数目最少，而又不损失决策表的任何信息[193]。在解决实际问题时，还应考虑问题求解的成本、算法的计算复杂度等因素。

决策表的属性约简分为两种：一种是盲目法，另一种是启发式算法。

4.4 粗糙集-神经网络预测模型的构建

人工神经网络技术具有自组织、自学习和强容错性能，具有同时能处理确定性和不确定信息的动态非线性信息的能力，能建立复杂的非线性映射关系。因此被广泛应用于根据已知条件的信息预测和分类等。然而，将神经网络用于预测（如 BP 网络）也存在一些不足，主要包括：（1）学习算法的收敛速度较慢。（2）BP 算法是一种梯度下降法，所以整个学习过程是一个非线性优化过程，有可能产生局部极小值，使学习结果变差，即得不到全局极小值；对于大规模高维原始样本数据的学习和训练，其效率和精度无法保证。

粗糙集理论是一种处理不精确、不完整和不确定性问题的数学工具，可在不需要先验知识的情况下通过属性约简能有效地消除冗余信息，抽取分类规则，提高分类精度。

因此，可将粗糙集和神经网络有机地结合起来，取长补短，优势互补，建立粗糙集-人工神经网络预测模型。利用粗糙集理论智能数据分析的能力，对神经网络进行预处理，约简输入因素、提高分类精度、科学选择变量，抽取关键成分作为神经网络的输入，减小神经网络构成系统的复杂性，提高容错及抗干扰的能力，简化神经网络的结构，达到提高模型预测效率和精度的目的。

粗糙集-神经网络预测模型主要包括两大块。其一是基于粗糙集理论的前端处理器，用粗糙集方法对原始样本进行数据离散和属性约简，删除冗余信息，精减对应关系，即删除样本空间里对预测目标没有贡献或贡献很小的因素，从而简化数据、减少神经网络输入层节点个数；其二是预测模型的核心部分，即神经网络结构，已经被证实了对于在任何闭区间内的一个连续函数都可以用一个隐层的 BP 网络来逼近，因而一个三层的 BP 网络可以完成任意的 M 维到 n 维的映射，所以预测模型采用三层的 BP 网络结构，各层节点数根据样本确定。粗糙集-神经网络预测模型如图 4-4 所示。

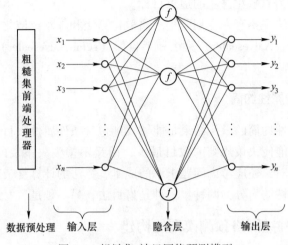

图 4-4　粗糙集-神经网络预测模型

4.5　永平铜矿移动角的常规法预测

采用工程类比法和全苏矿山测量研究所推荐的岩移参数确定方法对永平铜矿露转坑联合开采范围 Ⅱ 号矿体和 Ⅳ 号矿体的移动角进行预测，其结果可与粗糙集-人工神经网络法预测结果进行对比。

4.5.1　工程类比法确定移动角

工程类比法是目前最常采用的一种方法，也是矿床开拓设计的首选方法。根据岩体的普氏分级系数 f、地质构造、矿体的产状等情况，将设计矿山与地质、采矿条件相类似的开采矿山进行比较，综合考虑确定相适应的岩层移动参数。

4.5.1.1　Ⅱ号矿带岩体移动角的确定

查阅《采矿手册（卷 2·地下开采卷）》中关于金属矿山移动角的相关资料，根据 Ⅱ 号矿带的采矿方法和矿体具体的赋存条件，寻找到了两个类似的矿山，进行对比：

（1）狮子山铜矿：上盘围岩为灰岩，下盘围岩为闪长岩；上下盘的岩石普氏系数均为 11~20；矿体倾角 26°~45°，矿体厚度为 2~60m；开采深度为 400m，采矿方法为空场法。矿体上盘移动角为 65°，下盘移动角为 65°，走向移动角为 75°。

（2）苏联某矿山：围岩主要以闪长岩和花岗闪长岩为主；上下盘的普氏系数

为15~20；矿体的倾角为35°~55°，厚度为15~40m；开采深度为250~300m，采矿方法为水平分层采矿法，采空区不充填。矿体上盘移动角为75°，下盘移动角为85°，走向移动角为75°。

永平铜矿Ⅱ号矿带由Ⅱ-2、Ⅱ-3、Ⅱ-4三个矿体组成，呈似层状，其中又以Ⅱ-4矿体最大。其上部覆岩以灰岩和混合岩为主，Ⅱ-2矿体倾角为25°~30°，Ⅱ-3矿体倾角为20°~30°，Ⅱ-4矿体倾角为20°~50°，主要属于倾斜矿体，这点与狮子山铜矿的地质条件较为相似。Ⅱ-2号矿体平均厚度为9.28m，Ⅱ-3号矿体平均厚度为12.48m，Ⅱ-4号矿体平均厚度为17.97m。开采深度为15~400m。由于移动角的确定主要取决于矿体上部覆岩的地质状况和采矿方法，因此主要借鉴狮子山铜矿的移动角来确定Ⅱ号矿带岩体移动角。

永平铜矿Ⅱ号矿带与狮子山铜矿的开采条件和工程地质条件见表4-1。

表4-1 开采和工程地质条件

矿山名称	主要围岩	普氏系数	结构面	矿体倾角/(°)	开采深度/m	开采方法
永平铜矿（Ⅱ号矿带）	灰岩、混合岩	6~10	无	20~50	15~400	空场法嗣后充填
狮子山铜矿	灰岩	11~20	断层影响	10~50	200~600	空场法

根据《采矿手册》提供的矿山移动角资料，可以得到以下结论：

（1）围岩的普氏系数愈高，岩体移动角愈大；

（2）工程地质条件相同或者类似时，采用充填法的矿山，其移动角普遍大于空场法的矿山。

由岩石力学试验结果可知永平铜矿的围岩强度不及狮子山铜矿，其普氏系数仅为狮子山铜矿的一半左右，根据移动角资料，永平铜矿的移动角将比狮子山铜矿的移动角小5°~10°。但由于对Ⅱ号矿带进行开采时将要进行嗣后充填，故地表移动范围能得到控制。另外由于Ⅱ-4矿体直接位于露天境界以下，而露天边坡早已形成，此时地下开采对矿体下盘的影响较矿体上盘要小，因此，结合工程地质和开采方式，确定矿体下盘移动角为65°，上盘移动角为60°，走向移动角为70°。

4.5.1.2 Ⅳ号矿体岩体移动角的确定

Ⅳ号矿体倾角为70°，平均厚度为14.21m，开采深度为200~600m。其上盘围岩以灰岩为主，从上盘围岩出露地表情况来看，岩石节理裂隙较发育，f值为6~8；下盘围岩以混合岩为主，岩石强度较高，f值为9~11。

国内外在采矿地压规律的认识及地压控制方面的研究积累了丰富的经验，表4-2和表4-3列出了国内外有关矿山的移动角资料。

表 4-2　国内有关矿山的移动角

矿山名称	上盘 f 值	下盘 f 值	矿体倾角 /(°)	水平厚度 /m	开采深度 /m	移动角/(°)		
						α	β	γ
锡铁山铅锌矿	4~6	6~8	65~75	25	580	55	65	70
折腰山铜矿	4~6	8~10	50~70	8~40	450	55	60	65
小铁山铅锌矿	4~6	8~10	60~80	1~40	450~650	60	60	70
丰山铜矿	4~6	6~8	50~70	29.1	400	55~60	60~65	70
易门铜矿	6~8	4~6	70	18~22	600	55	62	75
程潮铁矿	10~13	11~15	46~47	50~60	255~485	60	65	65
西石门铁矿	8~10	8~12	0~40	10~100	10~491	60	60	70
武山铜矿	6~8	10	60	1.7~21.5	300~600	60	60	70

表 4-3　苏联有关矿山的移动角

矿山编号	上盘 f 值	下盘 f 值	矿体倾角 /(°)	水平厚度 /m	开采深度 /m	移动角/(°)		
						α	β	γ
1	10~15	10~15	80~85	30~32	225	85	85	70
2	6~8	8~10	75~80	10~12	120	70	85	60
3	6~8	8~10	85	10~12	150	85	83	78
4	6~10	6~10	70~80	3~15	240	65	50	45
5	6~8	6~8	65~70	10~30	70	68	52	48
6	6~8	8~10	85~90	5~30	285	75	75	70
7	6~8	6~8	65~70	10~30	70	65	50	45
8	4~6	8~10	45	10~40	450	75	70	65
9	6~8	10~12	10~40	30~60	510	85	70	63
10	10~14	6~8	30~55	15~24	370	80	70	65

　　将表中所列矿山的采矿条件、矿体的赋存情况，以及工程地质条件等方面与永平铜矿进行类比，最后认为武山铜矿与永平铜矿Ⅳ号矿体各方面条件更为接近（表 4-4）。

表 4-4 武山铜矿移动角

上盘 f 值	下盘 f 值	矿体倾角 /(°)	水平厚度 /m	开采深度 /m	移动角/(°)		
					α	β	γ
6~8	10	60	1.7~21.5	300~600	60	60	70

采矿手册的相关资料表明,同等或者相似条件下,使用空场嗣后充填法的矿山移动角将比使用空场法的矿山移动角大 5°~10°。但由于永平铜矿Ⅳ号矿体上盘边界距离露天边坡较近,Ⅳ号矿体的开采对上盘围岩的影响较下盘要大,因此,Ⅳ号矿体上盘移动角取 60°;而下盘移动角应比武山铜矿大 5°,为 65°;走向移动角为 70°。

4.5.2 全苏矿山测量研究所推荐的岩移参数确定方法

该法将岩体按其结构特点分为两类:Ⅰ——层状岩体:矿床层理结构明显,弱面分布有规律且与层面一致,在层理与片理接触面上岩移先是以弯曲的形式发生,岩移与 f 值和矿体倾角的关系有明显的规律性;Ⅱ——非层状岩体:其移动过程剧烈,往往以塌陷形式出现,岩体移动角较陡,与 f 值和矿体倾角的关系不明显。该法在矿床分类和岩移分类的基础上提出的经验公式比较简便适用,详见表 4-5。

表中移动角 δ_p 和 β_p 按式(4-7)、式(4-8)计算:

$$\delta_p = 55° + 1.5f \tag{4-7}$$

$$\beta_p = \delta_p - (0.30 + 0.01f)\alpha \tag{4-8}$$

式中,当 $f<5$ 时,$\alpha\leqslant60°$;当 $f\geqslant5$ 时,$\alpha\leqslant65°$。

表 4-5 地表充分采动下的岩体移动角

岩体类型	类别	分组	矿体倾角 /(°)	移动角/(°)			
				$\delta_{(走向)}$	$\beta_{(下山)}$	$\gamma_{(上山)}$	$\beta_{1(下盘)}$
Ⅰ 层状岩体	$f\leqslant5$	1	0~45	δ_p	β_p	δ_p	—
		2	46~75	δ_p	β_p	—	45
		3	76~90	δ_p	$\beta_{p+5}^{①}$	—	45
	$f=5~8$	1	0~45	δ_p	β_p	δ_p	—
		2	46~60	δ_p	β_p	$\delta_p^{②}$	$\alpha^{③}$
		3	61~75	δ_p	β_p	—	60
		4	76~90	δ_p	β_p	—	β_{p+5}
	$f>8$	1	0~45	δ_p	β_p	δ_p	—
		2	46~60	δ_p	β_p	$\delta_p^{②}$	$\alpha^{③}$
		3	61~75	δ_p	β_p	—	$\alpha^{③}$
		4	76~90	δ_p	$\beta_{p+5}^{①}$	—	β_{p+5}

岩体类型	类别	分组	矿体倾角/(°)	移动角/(°)			
				$\delta_{(走向)}$	$\beta_{(下山)}$	$\gamma_{(上山)}$	$\beta_{1(下盘)}$
Ⅱ 非层状岩体	$f \geqslant 8$	1	0~30	70	70	70	—
		2	31~50	70	65	65	—
		3	51~75	70	65	—	$\alpha^{③}$
		4	76~90	70	65		65

①如顶盘岩石的坚固性系数比下盘小时, $\beta=\beta_p$;

②当开采上限 $H_1 < 15m$ 时, 应采用 β_1 角, 式中 m 为矿体厚度;

③当矿体下盘存在软岩层时 ($f<8$), 沿软、硬岩的接触面最容易发生岩体移动, 此时, 此处硬岩层到矿层的法线距小于 $0.1H$; H 一般为开采下界算起的开采深度。

4.5.2.1　Ⅱ 号矿带岩体移动角的确定

根据 3 号、7 号、8 号勘探线矿体剖面图和 −200m 标高上部围岩分布情况, 分别确定各勘探线剖面上的岩移参数, 而后将其平均值作为 Ⅱ 号矿带的岩移参数。

地质资料表明 Ⅱ 号矿带所含矿体均为似层状矿体, 矿床层理结构明显。

(1) 3 号勘探线剖面。从该剖面看在 −200m 标高以上矿体倾角为 20°, 其下盘围岩主要为片麻混合岩, 根据岩石力学实验结果, $f=7.4$; 上盘围岩主要为混合花岗岩, $f=9.5986$。

(2) 7 号勘探线剖面: 从该剖面看在 −200m 标高以上矿体倾角为 25°, 其下盘围岩主要为片麻混合岩, $f=7.4$; 上盘围岩主要为混合花岗岩, $f=9.5986$。

(3) 8 号勘探线剖面: 从该剖面看在 −200m 标高以上矿体倾角为 30°, 覆岩主要为灰岩和混合花岗岩, $f=\dfrac{6.768+9.5986}{2}=8.1833$, 下盘围岩主要为混合花岗岩, $f=9.5986$。

Ⅱ 号矿带对应各勘探线剖面岩移参数的确定如下:

(1) 3 号勘探线剖面:

1) 下盘移动角的确定: $\gamma = \delta_{p1} = 55° + 1.5f = 55° + 1.5 \times 7.4 = 66.1°$

2) 上盘移动角的确定:

$$\delta_{p2} = 55° + 1.5f = 55° + 1.5 \times 9.5986 = 69.3979°$$

$$\beta = \beta_p = \delta_{p2} - (0.30 + 0.01f)\alpha = 69.3979° - (0.03 + 0.01 \times 9.5986) \times 25° = 61.478°$$

3) 走向移动角的确定: $\delta = \delta_p = \dfrac{\delta_{p1} + \delta_{p2}}{2} = \dfrac{66.1 + 69.3979}{2} = 67.75°$

(2) 7 号勘探线剖面:

1）下盘移动角的确定：$\gamma = \delta_{p1} = 55° + 1.5f = 55° + 1.5 \times 7.4 = 66.1°$

2）上盘移动角的确定：

$$\delta_{p2} = 55° + 1.5f = 55° + 1.5 \times 9.5986 = 69.3979°$$

$\beta = \beta_p = \delta_{p2} - (0.30 + 0.01f)\alpha = 69.3979° - (0.03 + 0.01 \times 9.5986) \times 25° = 59.498°$

3）走向移动角的确定：$\delta = \delta_p = \dfrac{\delta_{p1} + \delta_{p2}}{2} = \dfrac{66.1 + 66.25}{2} = 66.18°$

（3）8 号勘探线剖面：

1）下盘移动角的确定：$\gamma = \delta_{p1} = 55° + 1.5f = 55° + 1.5 \times 9.6 = 69.4°$

2）上盘移动角的确定：

$$\delta_{p2} = 55° + 1.5f = 67.27°$$

$\beta = \beta_p = \delta_p - (0.30 + 0.01f)\alpha = 67.27° - (0.30 + 0.01 \times 8.1833) \times 30° = 55.81°$

3）走向移动角的确定：$\delta = \dfrac{\delta_{p1} + \delta_{p2}}{2} = 68.34°$

4.5.2.2 Ⅳ号矿体岩体移动角的确定

Ⅳ号矿体呈似层状，倾向南东，倾角较陡，约 70°左右。7 号勘探线剖面上Ⅳ号矿体上盘方向覆岩大部分已经剥离，上下盘覆岩主要为片麻混合岩，现场工程地质调查表明岩体节理较为发育，根据岩石力学实验结果，$f = 7.4$。

Ⅳ号矿体岩移参数的确定如下：

（1）走向移动角的确定：$\delta_p = 55° + 1.5f = 55° + 1.5 \times 7.4 = 66.1°$

（2）上盘移动角的确定：

$\beta = \beta_p = \delta_p - (0.30 + 0.01f)\alpha = 66.1° - (0.30 + 0.01 \times 7.4) \times 20° = 59°$

（3）下盘移动角的确定：$\beta = \beta_1 = 60°$

3 号勘探线剖面上Ⅳ号矿体上下盘分别为灰岩和混合岩，对应硬度系数为 $f = 7.4$ 和 $f = 9.5986$，同样可得移动角分别为：上盘移动角为 59°，下盘移动角为 70°，走向移动角为 67.75°。

4.6 永平铜矿移动角的粗糙集-神经网络预测

岩体是复杂的地质体，加上地质采矿因素的不确定性，使得影响岩层移动角的因素很复杂，这些因素有些是确定的、定量的，有些是随机的、定性的、模糊的，并存在着复杂的非线性关系，用数学或力学的方法很难全面而准确地描述。粗糙集理论和神经网络理论在处理上述自然界中普遍存在的高度非线性和不确定性问题时有着较强的功能和独到的优点。BP 神经网络（back-propagation neural network）是使用最为广泛的人工神经网络之一，它具有较强的非线性动态处理能力，无需知道变形与力学参数之间的关系，可实现高度非线性映射，其较强的学习、存储和计算能力，特别是较强的容错特性，适用于从实例样本中提取特征、获取知识，从而较好地表达位移和力学参数间及地质因素间的隐式非线性映射关系[194,195]。

采用 4.5 节建立的粗糙集-神经网络预测模型对永平铜矿露转坑联合开采岩层移动角进行预测。运用粗糙集方法在不改变训练样本分类质量的前提下，按照输入影响因素相对于输出的重要程度，对大量岩层移动角实测样本数据进行离散化，对输入参数（影响因素）集进行约简，确定神经网络输入层变量和神经元个数。通过对预处理后的样本的学习，建立粗糙集-BP 神经网络多因素预测模型，将其用于永平铜矿露转坑联合开采岩层移动角的预测。

4.6.1　岩层移动影响因素分析

影响岩层移动的因素主要可以分为地质因素和工程因素两大类。主要有围岩岩性、开采深度 H、开采厚度 M、矿体赋存状态、工作面尺寸、采矿方法和顶板管理方法、是否为重复采动、断层的影响。

综上所述，并结合永平铜矿地质和采矿条件，选取上下盘围岩岩性、普氏系数、矿体倾角、矿体厚度、开采深度和采矿方法作为岩层移动角预测的影响因素。

4.6.2　选择学习、训练和测试样本

4.6.2.1　样本的采集

根据《采矿设计手册（矿床开采卷）》提供的地表移动实测资料，共筛选出 34 个实测数据作为学习训练和测试样本（表 4-6）。其中前 8 个为国内观测站数据样本，后 26 个为国外观测样本。将 34 个实测数据经粗糙集理论作前端处理后作为学习样本采用 BP 神经网络进行训练，然后逐一用作观测数据测试检验网络的性能。

4.6.2.2　样本信息数据离散化

对于给定的样本数据（表 4-6），其中硬度系数、角度、厚度、深度等属性是用连续数据来表征的，在用粗糙集理论进行约简前必须将其进行离散化；同时，采矿方法和岩石名称两个属性的属性值是用文字描述的离散数据，不便于进行属性约简和神经网络的学习和训练，将其类别用相应数字符号代替。

对决策表中属性的连续数据进行离散化，其本质是利用选取的断点来对条件属性构成空间进行划分。因此，在对表 4-6 中数据离散化时，可结合考虑采矿领域专家知识，即用相关专家知识来选取断点对属性空间进行划分。

表 4-6 移动角预测的学习训练和测试样本

矿山号	岩石名称		岩石普氏硬度系数		矿体倾角/(°)	矿体厚度/m	开采深度/m	采矿方法	移动角/(°)		
	上盘	下盘	上盘	下盘					β	γ	δ
1	灰岩、页岩	灰岩	6~10	8~10	东15	4~6	200~250	房柱法、少量矿柱13%	59	68	65
2	石英脉	石英脉	8~12	8~12	75	3	760	浅孔留矿法、阶段矿房法	60	68	74
3	白云岩	花岗闪长岩	10~12	8~10	45~80	20	80~130	无底柱分段崩落法	62	85	62
4	砂化大理石	砂化大理石	8	8	40~50	10	200多	方框充填空区充填40%非充分采动	63	68	70~75
5	砂质大理石	条带状大理石	10~12	8~10	75~82	8~10 ~35	1000	浅孔留矿事后废石充填50%	浅部 80	浅部 80	浅部 81
6	绿泥石片岩、绿泥石干枚岩	石英钠长斑岩	4~6	8~10	60~80	1~45 平均5.5	450~650	无底柱分段崩落	45	60	70
7	条带状的石英粉砂岩	钙质石英砂岩	3~7	6~8	10~30	2~30 平均10	10~90	分段崩落法、下向充填法	43~45	51~55	50~53
8	白云岩	白云岩、板岩互层	6~8	4~6	70	18~22	600	有底柱分段崩落法	35	55	55
9	闪长岩和花岗闪长岩	闪长岩和花岗闪长岩	15~20	15~20	35~60	15~40	210~300	倾斜横撑支柱的和沿倾斜上向置布工作面的水平分层采矿法，采空区不充填	75	85	75

续表 4-6

矿山号	岩石名称		岩石普氏硬度系数		矿体倾角/(°)	矿体厚度/m	开采深度/m	采矿方法	移动角/(°)		
	上盘	下盘	上盘	下盘					β	γ	δ
10	钠长斑岩，凝灰角砾岩	石英钠长斑岩（常为片理化和高岭土化）	6~15	6~15	60	1.6	50	深20m以内露天开采，20m以下用水平层和垂直分条支柱充填法开采	60	60	60
11	上面覆有砂质黏土层的砾岩	上面覆有砂质黏土层的砾石	8~10	8~10	70~90	<2.5	215	加横撑支柱的上向梯式采矿法，随后充填采空区	60	65	65
12	石榴辉石砂卡岩	石灰岩和结晶石灰岩	10~15	6~10	65~75	5~35	60	垂直走向的壁式充填法，由于矿落最后两层（上层）没有充填，房间矿柱未回采，但已被压坏	70	65	65
13	石英绢云母片岩，其后为火山凝灰岩和为钠长斑岩的代替的矽卡岩	绢云母片岩，其下的岩石与上盘相同，在上盘接触处凝灰岩充水，并因有裂隙而弱化	3~8	6~10	75~80	15~40	240	深30m以内用露天开采，30m以下用分层崩落法，并部分用留矿法和分段崩落法	35	60	70
14	不稳定的石英绢云母片岩（是一种高岭土化程度很深的细碎石体），接着是片理化钠长斑岩	裂隙发育的钠长斑岩	3~6	6~10	60~65	2~8	90	垂直分条支柱并部分充填采矿法（充填50%以内）	30	50	75

续表 4-6

矿山号	岩石名称		岩石普氏硬度系数		矿体倾角/(°)	矿体厚度/m	开采深度/m	采矿方法	移动角/(°)		
	上盘	下盘	上盘	下盘					β	γ	δ
15	构造裂隙严重的石英绢云母片岩（裂隙中填满有黏土以及石膏胶结的角砾岩），接着是片理化的钠长斑岩	石英绢云母片岩，接着是钠长斑岩	6~8	8~10	80~85	45~60	120~130	在32m中段用水平分层充填法；64~32m中段用分层崩落法；124~64m中段用联合法（矿房用充填法，间柱用分段和分层崩落法）	40	55	85
16	绿泥绢云母片岩和石英绢云母片岩，接着是绢云母片岩，接着是片理化钠长斑岩	绿泥绢云母片岩，接着是钠长斑岩	6~8	8~10	85	12~15	150	矿房用充填法，间柱用分段崩落法	75	60	80
17	石英绢云母片岩	绿泥片岩、钠长斑岩	6~8	8~10	75~85	10~12	120	分段分层崩落法	50	55	85
18	石英绢云母片岩，分片的和充水的钠长斑岩	石英绢云母片岩、钠长斑岩	6~8	8~10	85	1~2	150	分段或分层崩落法	70	75	75
19	石英绿泥绢云母片岩、钠长斑岩	石英绿泥绢云母片岩、钠长斑岩	6~10	6~10	70~80	3~15	240	分段或分层崩落法	55	70	70
20	石英绿泥绢云母片岩、钠长斑岩	石英绿泥绢云母片岩、钠长斑岩	6~10	6~10	75~80	2~10	100	分段或分层崩落法	45	70	70

续表 4-6

矿山号	岩石名称		岩石普氏硬度系数		矿体倾角 /(°)	矿体厚度 /m	开采深度 /m	采矿方法	移动角 /(°)		
	上盘	下盘	上盘	下盘					β	γ	δ
21	绿泥片岩	石英钠长斑岩，直接下盘是石英泥绢云母片岩	8~10	8~15	80	2~20	105	25~30m以内用露天开采，以下用分段崩落法，部分用支柱充填法	50	55	75
22	绿泥片岩	石英钠长斑岩，直接下盘是石英绿泥绢云母片岩	8~10	8~15	75~85	10~17	65	50m以内用分层崩落法，以下用支柱充填的长壁法	50	55	75
23	石英绢云母片岩，钠长斑岩	石英绢云母片岩，个别处因节理裂隙而分裂	6~10	6~8	75~80	16~20	220	95m以内用水平分层支柱充填法（充填80%~85%），以下用壁式陷落法和笔式分层崩落法	60	50	85
24	钠长斑岩	石英绢云母片岩，钠长斑岩和片岩（因节理裂缝破坏，常常脱落下来）	8~10	6~8	55~70	10~30	120	分层和分段崩落法为主，部分用水平分层支柱充填法和笔式支柱充填法，充填料来自"充填料开采场"	60	55	75
25	绢云母片岩	钠长斑岩，直接底板为绢云母片岩	6~8	8~10	80~90	7~30	245	144m以内用分段崩落或分层崩落法，以下用壁式充填法，充填料取自崩落放出来的岩石，间柱用分层崩落法	40	50	60

续表 4-6

矿山号	岩石名称		岩石普氏硬度系数		矿体倾角/(°)	矿体厚度/m	开采深度/m	采矿方法	移动角/(°)		
	上盘	下盘	上盘	下盘					β	γ	δ
26	片理化的钠长斑岩，节理、裂隙发育，直接顶、底板为石英绢云母片岩	片理化的钠长斑岩，节理、裂隙发育，直接顶、底板为石英绢云母片岩	6~8	6~8	85~90	10~40	100	50m以内用露天开采，以下用分段平巷法和阶段崩落法	50	55	75
27	石英绢云母片岩	片理化的硅化钠长斑岩	6~8	6~10	85~90	3~30	150	20m以内用露天开采，50m以内用不充填流矿法和阶段崩落法	50	50	75
28	石英绢云母片岩	片理化的硅化钠长斑岩	6~8	6~10	85~90	5~30	285	水平分层支柱充填法，矿柱用分层和分段崩落法	50	50	75
29	硬的钠长斑岩	石英绿泥绢云母片岩	8~10	6~8	80~90	3~10	75	水平分层支柱充填法	80	70	80
30	硬的钠长斑岩	石英绿泥板岩，直接底板是石英绢云母片岩	8~10	6~8	80~90	2~20	205	85m以内用不充填的水平分层支柱法；85~205m用水平分层支柱充填法；205~265m用壁式充填法，矿柱不回采	80	70	85

续表 4-6

矿山号	岩石名称		岩石普氏硬度系数		矿体倾角/(°)	矿体厚度/m	开采深度/m	采矿方法	移动角/(°)		
	上盘	下盘	上盘	下盘					β	γ	δ
31	石英绢云母绿泥片岩，呈糖斑	片理化很深的硅化钠长斑岩	6~8	6~10	60~65	20~40	130	70m以内用分段和分层崩落法，部分用水平分层支柱充填法；70~130m以内用随后充填法，用削壁充填或转运上部崩落岩石充填	55	45	70
32	绢云母片岩，绿泥绢云母片岩，绿泥片岩和裂隙不大的石英绿泥片岩	绢云母片岩，绿泥绢云母片岩，绿泥片岩和裂隙不大的石英绿泥片岩	8~10	8~10	60~70	8~20	420~460	200m以内用水平和倾斜分层充填法，以下用水砂充填法	70	65	80
33	绿泥绢云母岩	石英绢云母片岩	8~10	8~10	60~70	2~15	300	30m以内用露天开采，30~104m用演示水平分层充填法，以下用倾斜分层水砂充填法	75	65	80
34	绿泥片岩	绢云母岩	8~10	8~10	45~65	3~6	600	121m以内用水平分层支柱岩石充填法，以下用水砂充填法	70	65	80

A 移动角值的离散化

表4-6中移动角包括3个指标,即上盘移动角 β、下盘移动角 γ 和走向移动角 δ,因此实际上是3个不同的属性。

属性 β 的值域为 [30,80],因此可将其划分为 [30,40)、[40,50)、[50,60)、[60,70)、[70,80) 5个区间,分别用0、1、2、3、4表示。

属性 γ 的值域为 [45,85],因此可将其划分为 [40,50)、[50,60)、[60,70)、[70,80)、[80,90) 5个区间,分别用0、1、2、3、4表示。

属性 δ 的值域为 [50,85],因此可将其划分为 [50,60)、[60,70)、[70,80)、[80,90) 4个区间,分别用0、1、2、3表示。

B 采矿方法属性值的处理

采矿方法属性值本身是离散的,但为了方便后续的处理,将其数字化。根据采矿领域相关知识可知,采矿方法通常分为两大类,即露天开采和地下开采,其中地下开采又分为空场法、崩落法和充填法三大类,又各自包含了一些亚类。表4-7中采矿方法的值域,将其划分为露天和地下联合类、空场类、崩落类、充填类、地下联合类共5类,分别用0、1、2、3、4表示。

表 4-7 数据离散化后的样本决策

论域 U	岩石名称		岩石普氏硬度系数		矿体倾角 a	矿体厚度 b	开采深度 h	采矿方法 m	移动角		
	上盘 n_1	下盘 n_2	上盘 f_1	下盘 f_2					β	γ	δ
1	1	1	2	2	0	1	1	1	2	2	1
2	2	2	3	3	2	0	3	1	2	2	2
3	2	0	3	2	2	2	0	2	3	4	1
4	2	2	2	2	2	2	1	3	3	2	2
5	2	2	3	2	2	2	3	4	4	4	3
6	2	0	0	2	2	1	3	2	1	2	2
7	1	2	0	1	0	1	0	4	1	1	0
8	2	2	1	0	2	2	3	2	1	0	0
9	0	0	3	2	1	2	2	1	4	4	2
10	0	0	3	3	1	0	0	0	3	2	1
11	1	1	2	2	2	0	1	3	3	4	2
12	2	2	2	2	2	2	0	3	4	2	2
13	2	2	1	2	2	2	1	0	0	2	2
14	2	0	2	2	2	1	0	4	0	1	2

论域 U	岩石名称		岩石普氏硬度系数		矿体倾角 a	矿体厚度 b	开采深度 h	采矿方法 m	移动角		
	上盘 n_1	下盘 n_2	上盘 f_1	下盘 f_2					β	γ	δ
15	2	2	1	2	2	3	1	4	1	1	3
16	2	2	1	2	2	2	1	4	4	2	3
17	2	2	1	2	2	1	1	2	2	1	3
18	2	2	1	2	2	0	1	2	4	3	2
19	2	2	2	2	2	1	1	2	2	1	2
20	2	2	2	2	2	1	0	2	1	3	2
21	2	2	2	3	2	1	0	0	2	1	2
22	2	2	2	3	2	2	0	4	2	1	2
23	2	2	2	1	2	2	1	4	3	1	2
24	0	2	2	1	2	2	1	2	3	1	2
25	2	2	2	2	2	2	1	1	1	1	1
26	2	2	1	1	2	2	0	0	2	1	2
27	2	0	1	2	2	2	1	0	2	1	2
28	2	0	1	2	2	2	2	4	2	1	2
29	0	2	2	2	2	1	1	3	4	3	3
30	0	2	2	1	2	1	1	4	4	3	3
31	2	0	1	2	2	2	1	4	2	0	2
32	2	2	2	2	2	2	3	3	4	2	3
33	2	2	2	2	2	1	2	0	4	3	3
34	2	2	2	2	1	0	3	3	4	2	3

C　上下盘岩石名称的数值处理

从地质学角度看，组成地壳的岩石按成因可分为三大类，即岩浆岩、沉积岩和变质岩，这种分类也体现了不同类别岩石在结构和构造上的差异。表 4-6 中上下盘岩石种类很多，如按不同岩石划分为不同类其划分太细，因此，可结合岩石的地质分类，将表中属性值（上下盘岩石名称）分为三大类，即岩浆岩、沉积岩和变质岩，分别用 0、1、2 表示。

D　矿体倾角值的离散化

金属矿床按倾角[196]可分为 4 类，倾角小于 5° 为水平和微倾斜矿床，30° ~ 55° 为缓倾斜矿床，5° ~ 30° 为倾斜矿床，大于 55° 为急倾斜矿床。表 4-6 中矿体倾

角值域为 [15, 88]，可选择断点 30 和 60 将其划分为三类，分别用 0、1、2 表示。

E 矿体厚度值的离散化

金属矿体按厚度[196]可分为 5 类，厚度小于 0.8m 为极薄矿体、0.8~4m 为薄矿体、4~10-15m 为中厚矿体、10~15-40m 为厚矿体、大于 40m 为极厚矿体。表 4-5 中矿体厚度值值域为 [2, 53]，2~20m 间分布比较平均，可选择断点 4、12、40 将其划分为 4 类，分别用 0、1、2、3 表示。

F 岩石普氏硬度系数的离散化

结合冶金部喷锚支护岩石统一分类表，用断点 6、8、10 将表 4-5 中系数划分为 4 类，分别用 0、1、2、3 表示。

G 开采深度的数值离散化

选取断点 107、250、400 将属性开采深度划分为 4 个区间，分别用 0、1、2、3 表示。

经过上述离散化处理后，选取的样本表 4-6 变成了如表 4-7 所示的系统决策表，且决策表中所有对象不存在不相容现象，说明以上离散化处理方法是合理的。

4.6.2.3 决策表的属性约简

在保持原始决策表条件属性和决策属性之间的依赖关系不发生变化的前提下，删除冗余的属性和属性值，从而提高神经网络预测的效率和精度。因此，基于粗糙集关于属性约简原理，对经数据离散化处理生成的决策表 4-7 进行属性约简。

如表 4-7 所示，决策表的论域 $U = \{1, 2, 3, 4, \cdots, 34\}$，条件属性 $C = \{n_1, n_2, f_1, f_2, a, b, h, m\}$，决策属性 $D = \{\beta, \gamma, \delta\}$，采用决策表的盲目删除属性约简算法起先属性约简。

A 属性的等价关系类

条件属性 C 的所有等价类：$IND(C) = \{1, 2, 3, 4, \cdots, 34\} = U$。

决策属性 D 的所有等价类：$IND(D) = \{\{10, 11\}, \{29, 30\}, \{16, 32, 33, 34\}, \{21, 22, 26, 27, 28\}, U-(10, 11, 29, 30, 16, 32, 33, 34, 21, 22, 26, 27, 28)\}$。

其中 $U-(10, 11, 29, 30, 16, 32, 33, 34, 21, 22, 26, 27, 28)$ 表示论域 U 中去除小括号所包含对象外其他对象的单列类，如 $\{1\}$，$\{2\}$，$\cdots$，$\{9\}$ 等。以下类同。

$pos_C(D) = \{1, 2, 3, 4, \cdots, 34\} = U$。

B 求决策表的相对 D 核

对条件属性 C，分别删除属性 n_1, n_2, f_1, f_2, a, b, h, m 后的所有等

价类：

$\text{IND}(C-\{n1\}) = \{\{1\}, \{2\}, \cdots, \{34\}\} = U$；

$\text{IND}(C-\{n2\}) = \{\{13,27\}, \{16,31\}, U-(13,27,16,31)\}$；

$\text{IND}(C-\{f1\}) = \{\{17,19\}, U-(17,19)\}$；

$\text{IND}(C-\{f2\}) = \{\{1\}, \{2\}, \cdots, \{34\}\}$；

$\text{IND}(C-\{a\}) = \{\{1\}, \{2\}, \cdots, \{34\}\}$；

$\text{IND}(C-\{b\}) = \{\{15,16\}, \{17,18,25\}, U-(15,16,17,18,25)\}$；

$\text{IND}(C-\{h\}) = \{\{19,20\}, \{28,31\}, U-(19,20,28,31)\}$；

$\text{IND}(C-\{m\}) = \{\{13,16,25\}, \{27,31\}, U-(13,16,25,27,31)\}$。

从而可得：

$\text{pos}_{C-\{n1\}}(D) = U$，所以 n1 在 C 中相对 D 是不必要的；

$\text{pos}_{C-\{n2\}}(D) = \{U-(13, 27, 16, 31)\} \neq U$，所以 n2 在 C 中相对 D 是必要的；

$\text{pos}_{C-\{f1\}}(D) = \{U-(17, 19)\} \neq U$，所以 f1 在 C 中相对 D 是必要的；

$\text{pos}_{C-\{f2\}}(D) = U$，所以 f2 在 C 中相对 D 是不必要的；

$\text{pos}_{C-\{a\}}(D) = U$，所以 a 在 C 中相对 D 是不必要的；

$\text{pos}_{C-\{b\}}(D) = \{U-(15, 16, 17, 18, 25)\} \neq U$，所以 b 在 C 中相对 D 是必要的；

$\text{pos}_{C-\{h\}}(D) = \{U-(19, 20, 28, 31)\} \neq U$，所以 h 在 C 中相对 D 是必要的；

$\text{pos}_{C-\{m\}}(D) = \{U-(13, 27, 25, 16, 31)\} \neq U$，所以 m 在 C 中相对 D 是必要的。

综上所述，决策表的相对 D 核：$\text{CORE}_C(D) = \{n2, f1, b, h, m\}$。

C　决策表相对约简的确定

决策表的任意一个相对约简就是保持决策表分类能力不变的极小属性子集，它一定包含相对 D 核。因此，决策表的相对约简，属性 n2、f1、b、h、m 是绝对必要的，而属性 n1、f2、a 是不必要的，但不一定可以同时省略。为了获取决策表的相对约简，只需考虑属性组合：$P1 = \{n2, f1, b, h, m\}$，$P2 = \{n2, f1, b, h, m, n1\}$，$P3 = \{n2, f1, b, h, m, f2\}$，$P4 = \{n2, f1, b, h, m, a\}$，$P5 = \{n2, f1, b, h, m, f2, n1\}$，$P6 = \{n2, f1, b, h, m, F2, a\}$ 等。

先考察属性子集 $P1 = \{n2, f1, b, h, m\}$。

$\text{IND}(P1) = \{\{1\}, \{2\}, \cdots, \{34\}\} = U$；

$\text{pos}_{P1}(D) = U = \text{pos}_C(D)$；

$U/\text{IND}(P1-n2) = \{\{7, 14\}, \{13, 27\}, \{16, 31\}, U - (7, 14, 13, 27, 16, 31)\}$；

U/IND(P1-f1) = {{16, 23}, {17, 19}, {24, 25}, U − (16, 23, 17, 19, 24, 25)};

U/IND(P1-b) = {{17, 18, 25}, {15, 16}, {19, 24}, {23, 30}, {32, 34}, {1}, {2}, …};

U/IND(P1-h) = {{4, 29}, {8, 25}, {13, 26}, {19, 20}, {22, 23}, {21, 33}, {28, 31}, {1}, {2}, …};

U/IND(P1-m) = {{23, 24}, {27, 31}, {4, 19, 30}, {13, 16, 25}, {20, 21, 29}, {1}, {2}, …};

显然：

$pos_{P1-\{n2\}}(D) = \{U − (7, 14, 13, 27, 16, 31)\} \neq pos_{P1}(D)$，所以 n2 在属性子集 P1 中相对 D 是必要的；

$pos_{P1-\{f1\}}(D) = \{U − (16, 23, 17, 19, 24, 25)\} \neq pos_{P1}(D)$，所以 f1 在属性子集 P1 中相对 D 是必要的；

$pos_{P1-\{b\}}(D) = \{U − (17, 18, 25, 15, 16, 19, 24, 23, 30)\} \neq pos_{P1}(D)$，所以 b 在属性子集 P1 中相对 D 是必要的；

$pos_{P1-\{h\}}(D) = \{U − (4, 29, 8, 25, 13, 26, 19, 20, 21, 22, 23, 28, 31, 33)\} \neq pos_{P1}(D)$，所以 h 在属性子集 P1 中相对 D 是必要的。

$pos_{P1-\{m\}}(D) = \{U − (23, 24, 27, 31, 4, 19, 30, 13, 16, 25, 20, 21, 29)\} \neq pos_{P1}(D)$，所以 m 在属性子集 P1 中相对 D 是必要的。

由此可知，属性子集 P1 相对于 D 是独立的，且满足相对约简的定义，所以它是决策表的一个相对约简，并且是最小约简。约简后的决策表见表4-8。

理论和实际表明，矿体倾角也是岩层移动的一个重要影响因素，因此，在最小约简的基础上，采用属性组合 P4 作为样本集（表4-8），用于神经网络进行训练。

表 4-8 属性约简后的样本决策

U	n_2	f_1	a	b	h	m	D		
							β	γ	δ
1	1	2	0	1	1	1	2	2	1
2	2	3	2	0	3	1	2	2	2
3	0	3	2	2	0	2	3	4	1
4	2	2	1	1	1	3	3	2	2
5	2	3	2	2	3	4	4	4	3
6	0	0	2	1	3	2	1	2	2
7	2	0	0	1	0	4	1	1	0

U	n_2	f_1	a	b	h	m	D		
							β	γ	δ
8	2	1	2	2	3	2	0	1	0
9	0	3	1	2	2	1	4	4	2
10	0	3	1	0	0	0	3	2	1
11	1	2	2	0	1	3	3	2	1
12	2	3	2	2	0	3	4	2	1
13	2	1	2	2	1	0	0	2	2
14	0	0	2	1	0	4	0	1	2
15	2	1	2	3	1	4	1	1	3
16	2	1	2	2	1	4	4	2	3
17	2	1	2	1	1	2	2	1	2
18	2	1	2	0	1	2	4	3	2
19	2	2	2	1	1	2	2	3	2
20	2	2	2	1	0	2	1	3	2
21	2	2	2	2	1	0	2	1	2
22	2	2	2	2	0	4	2	1	2
23	2	2	2	1	1	4	3	1	3
24	2	2	2	2	1	2	3	1	2
25	2	1	2	2	1	2	1	1	1
26	2	1	2	2	0	0	2	1	2
27	0	1	2	2	1	0	2	1	2
28	0	1	2	2	2	4	2	1	2
29	2	2	2	1	0	3	4	3	3
30	2	2	2	1	1	4	4	3	3
31	0	1	2	2	1	4	2	0	2
32	2	2	2	2	3	3	4	2	3
33	2	2	2	1	2	0	4	2	3
34	2	2	1	0	3	3	4	2	3

4.6.3　粗糙集-神经网络预测模型结构参数

（1）网络节点。针对选取的 34 个样本，通过粗糙集的属性约简，除了对决策影响不大的上盘岩石名称和下盘岩石普氏硬度系数，保留了下盘岩石名称、上盘岩石普氏系数、矿体倾角、矿体厚度、开采深度和采矿方法 6 个属性作为预测指标，预测目标为上下盘和走向移动角。网络输入层神经元节点数就是系统的特征因子（自变量）个数，输出层神经元节点数就是系统目标个数。隐层节点按经验选取，一般设为输入层节点数的 75%。本节输入层有 6 个节点，输出层 3 个节点，那么隐含层可暂时设置为 5 个节点，即构成一个 6-5-3 BP 神经网络模型。通过比较发现 6-6-3 BP 神经网络模型的预测精度更高，最后确定出最合理的网络结构为 6-6-3 BP 神经网络模型。

（2）初始权值的确定。初始权值是不应完全相等的一组值。已经证明，即便确定存在一组互不相等的使系统误差更小的权值，如果所设 W_{ji} 的初始值彼此相等，它们将在学习过程中始终保持相等。故而，在程序中设计了一个随机发生器程序，产生一组 $-0.5 \sim +0.5$ 的随机数，作为网络的初始权值。

（3）最小训练速率。在经典的 BP 算法中，训练速率是由经验确定，训练速率越大，权重变化越大，收敛越快；但训练速率过大，会引起系统的振荡，因此，训练速率在不导致振荡前提下，越大越好。因此，本节所编程序训练速率会自动调整，并尽可能取大一些的值，但可规定一个最小训练速率。本节取 0.9。

（4）动态参数。动态系数的选择也是经验性的，一般取 $0.6 \sim 0.8$。通过比较本节选取 0.6。

（5）允许误差。一般取 $0.001 \sim 0.00001$，当两次迭代结果的误差小于该值时，系统结束迭代计算，给出结果。通过综合分析，本节选取 0.00001。

（6）迭代次数。由于神经网络计算并不能保证在各种参数配置下迭代结果收敛，当迭代结果不收敛时，允许最大的迭代次数。本节选取 2000 次。

（7）Sigmoid 参数。该参数调整神经元激励函数形式，一般取 $0.9 \sim 1.0$。通过综合分析，本节选取 0.9。

4.6.4 BP 神经网络学习训练和测试分析

基于粗糙集的约简样本集，采用 BP 神经网络，最小训练速率为 0.1，动态参数为 0.6，允许误差为 0.00001，在训练过程中对样本数据进行标准化处理，通过 1960 次迭代，其拟合残差达到了 0.25，如图 4-5 所示。为了检验网络的性能，将训练后的网络对 34 组训练样本逐一进行预测，预测值和实测值的比较情况如图 4-6~图 4-8 所示，可以看出，实测值和预测值吻合较好，可见所建立的模型是稳定可靠的。

4.6.5 永平铜矿移动角的预测和对比分析

以永平铜矿矿区 3、7、8 号勘探线位置为例，以露天转地下工程主采矿体，即 II-4 矿体、IV 号矿体为对象，开采至 $-200m$，原始参数见表 4-9。

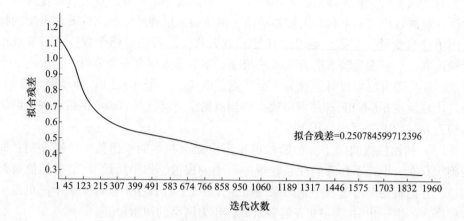

图 4-5   拟合残差示意图

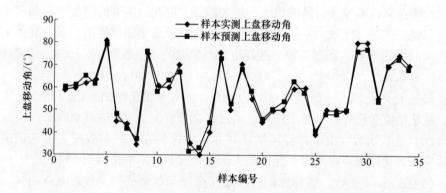

图 4-6   样本上盘移动角拟合曲线

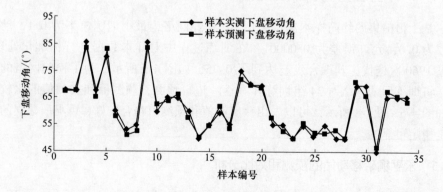

图 4-7   样本下盘移动角拟合曲线

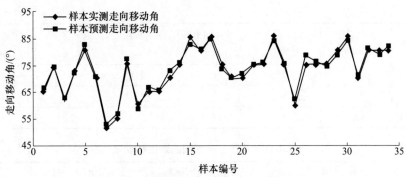

图 4-8 样本走向移动角拟合曲线

表 4-9 永平铜矿岩移预测原始参数

对象	上盘岩性	下盘岩性	上盘岩石系数 f	下盘岩石系数 f	矿体倾角 /(°)	矿体厚度 /m	开采深度 /m	采矿方法
3 号线 II-4	混合花岗岩	片麻混合岩	9.6	7.4	20	30	400	-40m 以上露天，以下房柱嗣后充填法
3 号线 IV	灰岩	混合岩	7.4	9.6	70	10	550	分段空场嗣后充填法
7 号线 II-4	混合花岗岩	片麻混合岩	9.6	7.4	25	16	400	-40m 以上露天，以下房柱嗣后充填法
7 号线 IV	片麻混合岩	片麻混合岩	7.4	7.4	70	12	500	上部露天，250m 以下分段空场嗣后充填法
8 号线 II-4	灰岩	混合岩	8.2	9.6	30	12	340	-40m 以上露天，以下房柱嗣后充填法

　　根据前面有关粗糙集数据离散化和属性约简原理，对表 4-9 进行数据预处理，结果见表 4-10，采用前面训练好的网络模型，预测开采至 -200m 时的岩层移动角。将预测结果列于表 4-11，同时将前面两种方法的预测值一同列于表 4-11。

表 4-10 粗糙集预处理后的参数

对象 U	下盘岩性 n_2	上盘岩石系数 f_1	矿体倾角 a/(°)	矿体厚度 b/m	开采深度 h/m	采矿方法 m
3 号 II-4	2	2	0	3	3	0
3 号 IV	2	1	2	1	3	4

对象 U	下盘岩性 n_2	上盘岩石系数 f_1	矿体倾角 $a/(°)$	矿体厚度 b/m	开采深度 h/m	采矿方法 m
7 号 Ⅱ-4	2	2	0	2	3	0
7 号 Ⅳ	2	1	2	2	3	0
8 号 Ⅱ-4	2	1	1	2	2	0

表 4-11　几种方法预测的岩层移动角

对象	工程类比法/(°)			全苏矿山测量所推荐法/(°)			粗集-BP 神经网络模型/(°)		
	β	γ	δ	β	γ	δ	β	γ	δ
3 号 Ⅱ-4	60	65	70	61.48	66.10	67.75	61.11	71.73	72.12
3 号 Ⅳ	60	65	70	59	70	67.75	65.51	68.63	76.868
7 号 Ⅱ-4	60	65	70	59.50	66.10	66.18	64.18	72	72.63
7 号 Ⅳ	60	65	70	59	60	66.1	65.45	68.06	74.16
8 号 Ⅱ-4	60	65	70	55.81	69.4	68.34	54.23	60.53	70.1

　　工程类比法是通过比较待测矿山与实测矿山的开采条件来确定岩层移动角的，如条件相似则认为移动角相近。该方法受人为因素影响大，不同的工程人员对同一目标可能会得到不同的结果；不同的矿山其开采条件不会完全相同，采用工程类比的方法确定移动角随意性大，其结果的精确性难以保证，只能在初步设计阶段用作参考；从结果上看，工程类比法结果单一，没有反映具体矿体的实际赋存环境和开采方式，当然也就无法真实反映实际开采过程岩层的移动规律，实际上相同矿体在不同条件下其移动角可能不同。

　　全苏矿山测量研究所推荐的方法考虑了岩体结构特征、岩石硬度系数和矿体倾角三个因素，并提出了一个简单的计算式子用于计算移动角，使用方便。但该法考虑的因素过于简单，实践证实，除以上因素外，矿体厚度、开采深度和采矿方法都是岩层移动的主要影响因素。因此全苏矿山测量研究所推荐方法考虑的因素不全面，其结果很难真实反映矿山开采岩层移动的本质特征。

　　经检验证实将粗糙集-BP 神经网络模型用于矿山开采岩层移动角的预测是稳定可靠的。该方法具有以下特点：通过属性约简能去掉对结果影响很小的因素，从而增加预测的精度和减少计算工作量；考虑了上下盘岩石性质，矿体的倾角、厚度，开采深度以及采矿方法 6 个主要的客观影响因素，通过对 34 组实测样本数据的学习和训练，建立了从 6 种客观因素输入到 3 个方向移动角输出的非线性映射，基本反映了矿山开采岩层移动的本质特征，不受人为因素影响，克服了理论法和数值法遇到的难题。该方法可用于各类地下开采，特别是露天转地下此类复杂开采体系的岩层移动预测，如编制成程序能实现对目标的快速、准确预测。

从 3 号和 7 号勘探线剖面两种矿体的计算结果可知，粗糙集-BP 神经网络法结果如实反映了如下地下开采岩层移动规律：其他条件相同，随着开采深度和岩石强度增大，移动角相应增大；其他条件相同，随着矿体厚度增大，移动角相应减小，再次说明了该方法的科学合理性。从结果上看，以上三种方法的预测结果总体上比较接近，但粗糙集-BP 神经网络法结果稍大于其他两种方法的结果，再次证实了经验法偏保守的本质。

永平铜矿露天转地下开采岩层移动角采用粗糙集-BP 神经网络模型预测结果，为安全起见和方便圈定岩层移动范围，对同一矿体移动角取小值，因此，永平铜矿露天转地下开采岩层移动角最终可确定为：Ⅱ-4 矿体上盘 54°、下盘 61°、走向 70°，Ⅳ号矿体上盘 65°、下盘 68°、走向 74°。

4.7　本章小结

（1）结合粗糙集和 BP 神经网络的优点，优势互补，建立了粗糙集-BP 神经网络预测模型，该模型可通过粗糙集属性约简去掉对结果影响很小的因素，从而提高网络训练、学习的效率和增加预测的精度。

（2）通过对 34 组实测样本数据的学习和训练，建立了包含上下盘岩石性质、矿体的倾角、厚度、开采深度以及采矿方法 6 个主要客观影响因素的粗糙集-BP 神经网络移动角预测模型。模型建立了从 6 种客观因素输入到三个方向移动角输出的非线性映射，基本反映了矿山开采岩层移动的本质特征，不受人为因素影响，克服了理论法和数值法遇到的难题。为各类地下开采，特别是露天转地下此类复杂开采体系的岩层移动预测提供了一个新的有效的途径。

（3）粗糙集-BP 神经网络法结果反映了如下岩层移动规律：其他条件相同，随着开采深度和岩石强度增大，移动角相应增大；其他条件相同，随着矿体厚度增大，移动角相应减小。这与实际情况相符，再次说明了该方法的科学合理性。

（4）和两种经验法相比，三种方法的预测结果总体上比较接近，但粗糙集-BP 神经网络法结果稍大于两种经验方法的结果，再次证实了经验法偏保守的本质。

（5）根据粗糙集-BP 神经网络模型预测结果，建议永平铜矿露天转地下开采岩层移动角最终可采用：Ⅱ-4 矿体上盘 54°、下盘 61°、走向 70°，Ⅳ号矿体上盘 65°、下盘 68°、走向 74°。

5 境界顶柱及采场结构参数 优化可视化研究

5.1 概述

露天开采的矿山采至深部后过渡到地下开采,一般都需留设一定厚度的岩矿体作为安全距离(即境界顶柱),以保证露天开采体系和地下开采体系的安全稳定和有序生产。境界顶柱厚度过大,安全系数足够,但矿石损失大;境界顶柱厚度过小,矿石回收率高,但不能保证安全,所以,选择合理的安全间距对保证矿山露转坑安全生产和充分回收到矿石非常重要。

一方面,不同于任何单一开采系统,露天转地下开采的矿山,地下采场同时受到两个开采体系的作用,同时地下采场的稳定与否也直接决定了地下和露天两个开采系统的安全稳定;另一方面,采场设置合理与否直接同生产效率挂钩。因此,露天转地下开采矿山采场结构参数的设置不仅要考虑露天开采的稳定,也要考虑采场本身的稳定和矿山开采的效率,合理设计采场结构参数对于安全高效生产意义重大。

随着电子计算机技术的发展,尤其是功能强、速度快的岩土工程数值分析软件的开发,使得数值计算分析方法可以很好地模拟复杂地形、地质和采矿条件下岩体应力应变及形变的变化发展过程,从而成为露天转地下开采工艺系统研究,特别是境界顶柱、采场结构参数、岩层及地表移动规律研究的一种重要手段。目前较为常用的、较为权威的数值计算方法有有限元法、边界元法、有限差分法、加权余量法、离散元法、刚体元法、不连续变形分析法、流行元法等。其中前四种方法都是基于连续介质力学的方法,后三种方法则是基于非连续介质力学的方法。基于显式有限差分原理的 FLAC/FLAC 3D 数值分析方法,同有限元方法相比,因其能更好地考虑岩土体不连续性、大变形特征及求解速度快的优点而得到更加广泛的应用。

本章采用 FLAC 3D 有限差分计算软件,将永平铜矿露天转地下开采的境界顶柱和采场结构参数作为一个有机整体进行研究,分析开采过程中岩体应力应变及岩移变化和开采系统的稳定性,提出最优的境界顶柱厚度和采场宽度,为实现矿山安全高效生产提供参考。

5.2 数值分析的基本原理

FLAC 3D 在求解时采用了空间离散技术、有限差分技术以及动态求解技术。通过这三种方法，把连续介质的运动方程转化为在离散单元节点上的离散形式的牛顿第二定律，从而这些差分方程可用显式的有限差分技术来求解。这种方法不但避免了常应变六面体单元常会遇到的位移剪切锁死现象，而且使四面体单元的位移模式可以充分适应一些本构关系的要求。几个主要方程[197]包括：

（1）本构方程。在 FLAC 3D 中，假定在时间 Δt 内速度保持恒定，则本构方程的增量表达式为：

$$\Delta \overset{\vee}{\sigma}_{ij} = H_{ij}^* (\sigma_{ij}, \xi_{ij}\Delta t) \tag{5-1}$$

式中　$\Delta \overset{\vee}{\sigma}_{ij}$——共旋应力增量；

　　　H_{ij}^*——给定函数；

　　　σ_{ij}——应力增量；

　　　ξ_{ij}——应变率张量。

（2）节点速率。对于常应变四面体单元，v_i 为线性分布，n_j 在每个面上为常量，节点速率方程为：

$$v_{i,j} = -\frac{1}{3V} \sum_{i=1}^{4} v_i^l n_j^{(l)} S^{(l)} \tag{5-2}$$

式中　V——四面体的体积；

　　　S——四面体的外表面；

　　　n_j——外表面的单位法向向量分量；

　　　上标"l"表示节点 l 的变量，"(l)"表示面 l 的变量。

（3）运动方程。快速拉格朗日分析以节点为计算对象，在时域内求解。节点运动方程如下：

$$\frac{\partial v_i^l}{\partial t} = \frac{F_i^l(t)}{m^l} \tag{5-3}$$

式中　$F_i^l(t)$——t 时刻 l 节点在 i 方向的不平衡力分量，可由虚功原理导出；

　　　m^l——l 节点的集中质量，对于静态问题，采用虚拟质量以保证数值稳定。

（4）应变、应力。快速拉格朗日分析由速率来求某一时步的单元应变增量，根据应变增量，可由本构方程求出应力增量，进而得到总应力。

（5）阻尼力。对于静态问题，不平衡力中加入非黏性阻尼，以使系统的振动逐渐衰减直至达到平衡状态（即不平衡力接近 0）。

5.3　数值计算方案的确定

5.3.1　矿区开采现状

永平铜矿露天开采于 1984 年投产，露天矿分为南北两坑，生产规模 10000t/d。南露天坑采到 46m 水平，已闭坑。北露天坑（2 号勘探线以北）还在继续进行扩帮开采，目前在 80m 水平开采，开采范围继续往下延深，计划用 10 年左右时间开采到 -50m 水平，然后北露天闭坑。图 5-1 所示为 +50m 水平露天开采南坑与矿体的水平平面对照图。

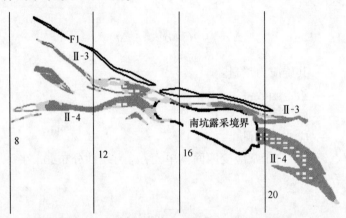

图 5-1　南坑+50m 水平采坑与矿体平面对照图

随着开采深度的延深，开采范围逐渐缩小，为了保持 10000t/d 的生产规模，使矿山持续稳产，矿山实施了露天转地下开采。地下开采范围为 II 号矿体北段 -50~-200m、南段 50~-100m 标高，IV 号矿体 200~-200m 标高。

永平铜矿露天转地下开采可行性研究提出，地下开采从上往下，露天开采从上往下，分区分期交替过渡。划分为 IV 号矿体、II 号矿体南段、II 号矿体北段 3 个区，地下开采先从南坑底开始，向北坑过渡，最后回采边帮残留矿体。确定中段高度为 50m。开拓中段有 150m、100m、50m、0m、-50m、-100m、-150m、-200m，其中 II 号矿体北段开拓中段有 -100m、-150m、-200m 中段，II 号矿体南段开拓中段有 0m、-50m、-100m 中段（图 5-2~图 5-4 为矿体平面图），IV 号矿体有 150m、100m、50m、0m、-50m、-100m、-150m、-200m 中段。首采中段为 -100m，-50m 为回风中段。

采用的采矿方法有以下三类。

（1）房柱嗣后充填法，铲运机出矿（适用于 II 号矿体开采，矿体厚度大于 15m）。

沿阶段划分采区，按采区划分矿块，矿块分成矿房和间柱，矿房长轴和矿体走向一致。矿块沿走向布置，长度 100m，并沿倾向分为 3 个矿房，矿房宽度为 15m，矿块与矿块之间留 10m 连续式间柱。矿块高度 50m（中段高度），在 50m 高度的中段内矿房斜长为 100~146m，所以可根据矿房布置的需要在倾斜方向的中间直接布置一横向矿柱，把矿房分为上下两部分，房间矿柱尺寸 5m×5m，分为上下两部分后，矿房平均斜长 59m。

（2）房柱嗣后充填法，电耙出矿（适用于 Ⅱ 号矿体开采，矿体厚度小于 15m）。

沿阶段划分采区，按采区划分矿块，矿块分成矿房和间柱，矿房长轴和矿体倾向一致。矿块沿走向布置，长度 50m，分为 3 个矿房，矿房跨度为 12m，矿块与矿块之间留 5m 连续式间柱。矿块高度 50m（中段高度），在 50m 高度的中段内矿房斜长 100~146m，所以可根据矿房布置的需要在倾斜方向的中间直接布置一横向矿柱，把矿房分为上下两部分，房间矿柱尺寸 5m×5m，分为上下两部分后，矿房平均斜长 59m。

（3）分段空场嗣后充填法（适用于Ⅳ号矿体开采）。

采场沿走向布置，长 50m，采场高度 50m，采场宽为矿体厚度。共分 3 个分段，分段高度为 15m。两采场之间留间柱，间柱宽 5m，矿房长 45m，留 5m 顶柱，采场底部结构为堑沟形式。

5.3.2 数值计算方案的确定

地下开采先从南坑底开始，向北坑过渡，最后回采边帮残留矿体，以Ⅱ号矿体南段作为首选开采对象，首采中段为-100m。因此，选定南坑及境界下地采体系为数值计算的对象。

根据露转坑可行性研究，采用从上往下开采方案，首采段为-100m，露天采坑南坑的最低作业台阶大约为34m或46m。这样露天矿最低开采台阶与地下开采作业中段之间可保持85~100m的安全距离。结合露天转地下开采理论研究和实践生产经验，选取80m、50m、30m三类境界顶柱厚度进行数值分析。

根据可行性研究结果和生产经验，数值计算中设定矿房长、高不变，分别为100m、50m；矿房间柱直径为5m，均匀布置，矿房宽度分别为12m、15m、18m、21m四类。

考虑到在实际开采过程中，两个因素对开采体系的作用具有同步性，将两个因素类进行耦合，得到如表5-1所示的12个数值计算方案。

表 5-1 数值计算方案

方案	顶板厚度/m	矿房宽度/m	矿房长度/m	矿房高度/m	间柱直径/m
1	30	12	100	50	5
2	30	15	100	50	5

方案	顶板厚度/m	矿房宽度/m	矿房长度/m	矿房高度/m	间柱直径/m
3	30	18	100	50	5
4	30	21	100	50	5
5	50	12	100	50	5
6	50	15	100	50	5
7	50	18	100	50	5
8	50	21	100	50	5
9	80	12	100	50	5
10	80	15	100	50	5
11	80	18	100	50	5
12	80	21	100	50	5

5.4   露转坑三维计算模型的建立

根据以上方案构建永平铜矿露天转地下开采三维计算模型。矿区地表及露天坑形态非常复杂，而 FLAC 3D 本身前处理功能不强，很难单纯依靠 FLAC 3D 中模拟出比较准确的矿区地表及露天坑形态。为此，通过研究与比较，选用前处理功能较强的 MIDAS 软件建立具有复杂地质体表面的矿区有限元数值计算模型，并将其导入 FLAC 3D 中进行计算及后处理。

5.4.1   矿山地表的建立

地表模型是通过永平铜矿露天开采现状图，在 CAD 中经过提取有意义的地形等高线图，再把所有的线形经过一定的矫正处理，得到 MIDAS 中所能够接受的线形。此外，在图中包含了大量的测点数据，为了使之成为 MIDAS 所能接收的点数据，必须将其进行炸开并重新矢量化处理。修改完成之后保存这些等高线（线串）及测点数据，然后对所有等高线进行高程赋值，使之保留原有测点及其高程，从而形成对地表模型建模有意义的点线数据，由 MIDAS 地形器生成的地表模型如图 5-2 所示。

5.4.2   矿体三维实体模型的建立

采用矿山提供的水平地质平面图，圈定出矿体水平轮廓，并根据矿体各处标高不同赋予不同高程，建立起各矿体的三维轮廓线组。利用这些线文件，通过在各水平轮廓线间及在同一水平轮廓线间连接三角网的方式，生成矿体实体模型。随后，在 SURPAC 中将实体保存成能够导入 MIDAS 软件的 *.DXF 格式文件，将 CAD 三维线串及三角面片导入 MIDAS 软件，利用曲面缝合工具生成矿体曲面，

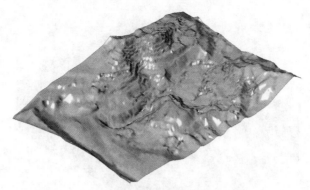

图 5-2　在 MIDAS 地形器中建立的三维地表模型

即矿体实体模型。按照以上处理流程，得到矿区露天转地下范围内矿体三维可视化总体模型，如图 5-3 所示。

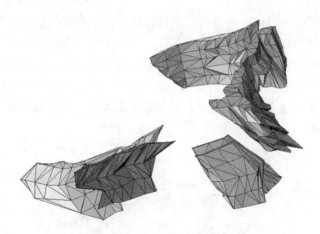

图 5-3　矿体三维实体模型

在三维的坐标网中，我们能够清晰地看到每个水平矿体的空间形态及其分布情况；此外，通过整合先前建立的矿区地表模型，利用空间投影并辅以调整实体模型的透明度，能够清晰地了解矿体在三维空间上的位置关系，如图 5-4 所示，矿体空间位置及空间形态的准确定位为数值计算的准确性和可靠性提供了保障，为开采设计及施工提供了参考依据。

5.4.3　矿区仿真模型边界的确定

为了用于数值计算，必须在实体模型基础上，确定既能反映真实地表形态又能囊括对象矿体的边界，即建立数值计算模型。在 MIDAS 软件中，充分体现了该项前处理操作的便利性。首先导入在地形器中建立的数字地形模型，在此基础上，根据计算空间范围的要求，定义出计算模型的原点及相应边界尺寸。基于地

图 5-4　矿区内矿体与地表的位置关系

形模型所处位置及圣维南边界原理，通过计算，最终确定出总体模型的原点坐标为（74256.2，19318.9，−180），尺寸为：长度 832m，宽度 876m，上边界需位于数字地形模型以上，该步确定从总体模型原点以上取 600m（图 5-5）建立箱形模型。其后，为了能够反映地表形态，利用软件中的实体分割工具进行布尔运算，将箱型实体以地表为界分割成上下两部分实体，最后生成需要计算部分的实体模型（图 5-6）。

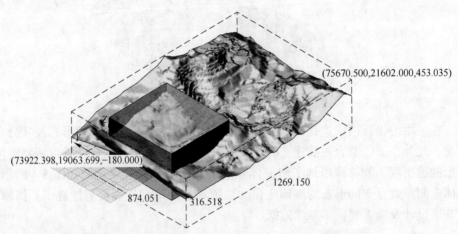

图 5-5　生成包含矿房矿柱及数字地形模型的箱形实体

5.4.4　仿真模型计算网格的划分

　　针对建立的仿真模型，在 MIDAS 软件主程序中以渲染方式显示，利用网格面尺寸工具，选择地表曲面作为播种面进行面播种，在面播种过程中须对尺寸进

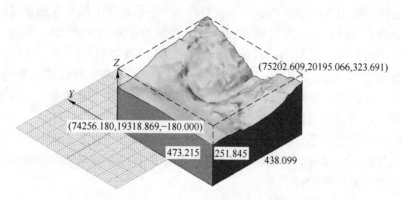

图 5-6 剪除地表曲面以上部分后生成的总体模型

行控制。为了在起伏变化较大的地表上生成能够反映出台阶变化的网格，得到更精确的分析结果，将单元大小指定为 12m。利用显示网格播种信息命令可以查看应用到地表曲面边界形状上的网格尺寸信息，此时在对象形状上会用红色点显示生成节点的位置，如图 5-7 所示。

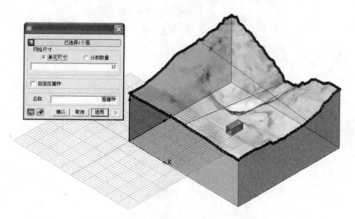

图 5-7 在地表曲面上按单元尺寸进行面播种划分网格

接下来，在总体模型的 4 条边界线上进行网格尺寸控制，即利用网格线尺寸控制工具，将边界线通过控制的尺寸（20m）分割成若干节点，作为边界线上单元的尺寸。此外还需要在总体模型中曲率变化较大处进行节点细分，细分的方式同样是通过网格线尺寸控制工具来划分轮廓线或面上的单元节点，此步操作的目的在于为了得到更加精确的分析结果，如应力、应变以及位移值等。

为了生成渐变式的单元大小，按照从露天坑边界至远离模型边界的围岩处逐渐放大的方式来划分单元，为此，选用软件中的实体网格自动划分功能。在自动生成三维网格的过程中可以使用的网格划分方法有循环网格法、栅格网格法、德劳内网格法。当生成不恰当的网格形状时可自动更换网格划分方法后重新生成网格。在实体自动划分网格对话框里输入的网格大小只适用于没有应用指定网格尺寸控制的线。所以在上一阶段里将网格大小指定为 12m 的面和 20m 的线,将按照各自指定的大小生成网格,其他的部分主要按照自动划分尺寸(该模型中为10m)进行划分。使用自适应网格选项时,网格单元无法准确模拟曲率的部分,此时程序会自动为生成精确的网格而播种。如果使用手动分割功能,可以通过利用鼠标的滑轮或者键盘的上/下按钮在模型窗口上动态地指定网格的分割个数。如果使用合并节点功能,在生成网格的过程中若在同一位置上生成节点,程序会自动将两节点合并成一个。最后将矿柱和矿房及总体模型划分成四面体单元有限元网格(图 5-8 和图 5-9)。

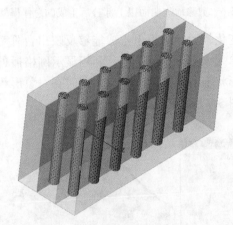

图 5-8　通过网格尺寸控制对矿柱和矿房进行线播种

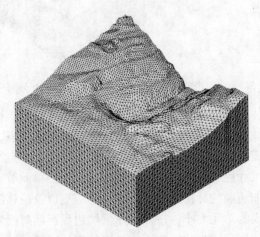

图 5-9　总体模型划分网格后所得有限元四面体网格模型

划分网格后所得的有限元四面体网格模型,保留了先前实体模型的特征线,从而使计算模型具有完全的真实性,从而保证了数值计算的准确性和可靠性。

生成三维网格后,从视觉上虽然感觉实体的邻近面是一致的,但是如果邻近面的形状不一致,那么程序生成网格时也无法自动保证节点耦合。所以在本项目这样模型里有很多实体彼此相邻且必须节点耦合时,在生成网格后需通过检查自由面确认根据不同实体划分的有限元模型之间是否存在自由面。经过检查,模型内部空区边界处与围岩之间不存在自由面的情况。

5.5 计算参数与模型测点布置

永平铜矿矿区围岩类型和分布较简单,主要有灰岩、石英斑岩和混合岩,以混合岩为主,赋存状态与相邻矿体基本一致。为了简化建模和数值计算,对围岩类型进行简化,假定所有围岩均为混合岩。

将 MIDAS 软件中生成的网格模型导入 FLAC 3D,并将其划分为 4 个组类,分别为开挖体、围岩、矿柱和矿房。开挖体为计算范围内露天开采境界以上部分,以灰岩为主,用于模拟露天开采至当前境界的应力应变及位移变化;由于采用房柱嗣后充填采矿方法,矿房开采后立即充填,因此无需模拟多个矿块同时开采,只需模拟单个矿块的开采过程,此时,矿房和矿柱是指计算范围内露采境界下单个矿块所包含的 3 个矿房和 2 排矿柱。

根据矿区原始资料、矿岩物理力学性质补充试验,对岩块强度室内测试结果进行弱化,结合岩体质量分级研究结果,得到开挖体、矿体、围岩和充填体的数值计算参数,见表 5-2。

表 5-2 数值计算参数赋值

岩体类型	弹性模量/GPa	泊松比	黏聚力/MPa	内摩擦角/(°)	单轴抗拉强度/MPa	密度/kg·m⁻³
混合岩	8.91	0.19	0.616	40.2	3.83	2.70
硐矿体	6.67	0.25	0.363	39.29	2.36	3.12
灰岩	9.49	0.31	0.606	42.38	3.15	2.60
充填体	0.40	0.33	0.010	20	0.00	1.70

材料本构模型采用摩尔-库仑模型。

边界条件为:底部边界约束位移,侧面边界约束水平位移,上边界为自由面。

编制了 Fish 程序,自动对 12 种方案逐个进行计算,其中每个方案的计算包括 5 步,即露天开采部分的开挖、开挖矿房 1、开挖矿房 2 并充填矿房 1、开挖矿房 3 并充填矿房 2、充填矿房 3。计算终止条件为 FLAC 3D 的默认条件,按方案保存每一步计算结果。

　　为了比较，选取了如图 5-10 和图 5-11 所示两个剖面，在剖面上选取一些点，点的编号及坐标见表 5-3，记录这些点的位移、应力值，图 5-12 所示为采场测点布置图。

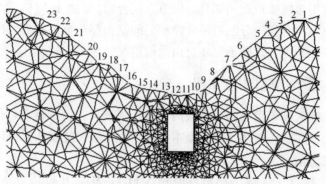

图 5-10　东西向通过矿房中点剖面表面测点布置示意图

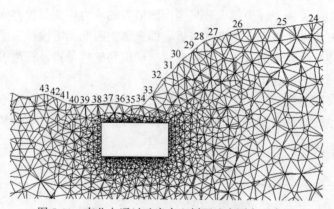

图 5-11　南北向通过矿房中心剖面地表测点示意图

表 5-3　地表测点编号及位置坐标

测点号	$X/10^4$	$Y/10^4$	$Z/10^2$	测点号	$X/10^4$	$Y/10^4$	$Z/10^2$
1	7.489	1.975	1.451	10	7.475	1.975	0.4843
2	7.488	1.975	1.449	11	7.474	1.975	0.4590
3	7.486	1.975	1.384	12	7.472	1.975	0.4422
4	7.485	1.975	1.307	13	7.471	1.975	0.4534
5	7.483	1.975	1.148	14	7.470	1.975	0.5068
6	7.481	1.975	1.010	15	7.467	1.975	0.5321
7	7.479	1.975	0.8554	16	7.466	1.975	0.5883
8	7.478	1.975	0.7177	17	7.465	1.975	0.6918
9	7.476	1.975	0.5518	18	7.463	1.975	0.8245

续表 5-3

测点号	$X/10^4$	$Y/10^4$	$Z/10^2$	测点号	$X/10^4$	$Y/10^4$	$Z/10^2$
19	7.462	1.975	0.8582	32	7.4721	1.9729	0.5955
20	7.461	1.975	0.9566	33	7.4723	1.9745	0.4429
21	7.459	1.975	1.097	34	7.4725	1.9761	0.4399
22	7.458	1.975	1.184	35	7.4725	1.9777	0.4696
23	7.457	1.975	1.325	36	7.4723	1.9794	0.4846
24	7.4728	1.9473	1.6855	37	7.4722	1.9810	0.4640
25	7.4722	1.9533	1.6030	38	7.4721	1.9829	0.4571
26	7.4715	1.9598	1.5750	39	7.4725	1.9845	0.4445
27	7.4719	1.9651	1.3920	40	7.4716	1.9855	0.4910
28	7.4723	1.9668	1.2488	41	7.4728	1.9861	0.4660
29	7.4726	1.9685	1.1167	42	7.4726	1.9875	0.5510
30	7.4715	1.9696	0.9756	43	7.4725	1.9889	0.6017
31	7.4718	1.9713	0.8383				

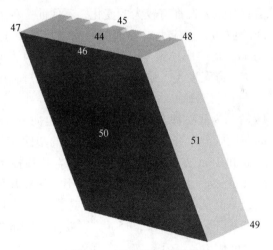

图 5-12 采场测点示意图

5.6 境界顶柱厚度和矿房宽度的优化

以安全生产、提高生产效率和资源回收率为原则对境界顶柱厚度和矿房宽度进行分析,以期提出最优的顶柱厚度和矿房宽度。先确定出同一顶柱厚度下最优的矿房宽度,再分析几种最优矿房宽度条件下最优的顶柱厚度,从而最终确定最佳的参数组合。选取顶柱地表中点(即第12、34点)和矿房顶、墙中点(即第

44、50、51 点）及矿房底部脚点第 49 点（图 5-10~图 5-12），以此 6 点在开采模拟过程中的记录信息作为分析境界顶柱厚度和矿房宽度的参考，再结合各方案的塑性区分布择优。

5.6.1　30m 厚顶柱的矿房宽度分析

境界顶柱取 30m，矿房的宽度分别取 12m、15m、18m 和 21m，即数值计算的前四种方案。模拟的四种开采方案中 6 个测点的位移、主应力差和剪应变增量见表 5-4，图 5-13~图 5-15 所示为 4 种方案开挖完成后各测点的位移、主应力差及剪应变增量信息，其中 X 轴的 1、2、3、4 分别代表 12m、15m、18m 和 21m 宽矿房方案。

由以上记录信息可知，随着矿房宽度的增加，各点的位移相应增大；开采完成后，12m 宽矿房方案的各测点位移、主应力差和剪应变增量最小和相对集中，各点位移都在 20mm 以内，除 44 点外各点剪应变增量都非常小，主应力差值也在 1.0~2.5MPa 之间，属于开采最安全稳定的方案；和 12m 方案相比，15m 和 18m 方案开采完成后对应测点值都有所增大，但增幅不大，尤其是 15m 和 18m 方案之间，各测点记录值近乎平行，只有微小的变化；21m 宽矿房方案开采完成后，各测点的记录值较其他方案都有较大的变化，不像前三种方案间那种缓慢的变化，方案内各点间的位移、主应力差和剪应变增量记录值也很不均衡，第 50 点的位移达到了 109mm，是矿房顶第 44 点位移 31.8mm 的 3.4 倍，说明和前三种方案相比，21m 宽矿房方案发生了质变，实际上在开采过程中已经破坏。因此可将 21m 方案排除，只在前三种方案中择优。

图 5-16~图 5-18 所示为前三种方案开采到第四步走向方向的塑性区分布图，第五步完全充填后的塑性区分布有所改善，倾向方向的塑性区分布图也有类似的情形。由图可知，12m 和 15m 方案的矿房、采场围岩和顶柱是稳固的，而 18m 方案的顶柱、塑性区几乎从矿房顶板贯通到地表，不能保障开采过程的稳定，可将之排除。综上所述，只能从 12m 和 15m 方案中选择，两种方案都能保障开采过程中的安全稳定，但从开采效率来说，15m 方案要优于 12m 方案，因此，确定 30m 厚顶柱情况下，15m 矿房宽度方案为最优方案。

5.6.2　50m 厚顶柱的矿房宽度分析

境界顶柱取 50m 厚，矿房的宽度同样分别取 12m、15m、18m 和 21m，即数值计算的第 5、6、7、8 四种方案。模拟的四种开采方案中 6 个测点的位移、主应力差和剪应变增量见表 5-5，图 5-19~图 5-21 所示为各方案开挖完成后各测点的位移、主应力差及剪应变增量信息，其中 X 轴的 1、2、3、4 分别代表 12m、15m、18m 和 21m 宽矿房方案。

表 5-4 30m 厚顶柱四种矿房宽度测点信息

测点	步数	位移/mm				主应力差/MPa				剪应变增量			
		12m矿房	15m矿房	18m矿房	21m矿房	12m矿房	15m矿房	18m矿房	21m矿房	12m矿房	15m矿房	18m矿房	21m矿房
12	1	0.00	0.00	0.00	0.00	1.03	1.06	1.02	1.46	0.00	0.00	0.00	0.00
	2	5.87	6.39	6.61	6.72	6.93×10^{-1}	1.46	1.45	1.16	9.49×10^{-5}	1.20×10^{-4}	1.11×10^{-4}	1.22×10^{-4}
	3	7.57	9.67	1.24×10^{1}	1.60×10^{1}	9.00×10^{-1}	2.06	2.31	2.30	1.23×10^{-4}	1.74×10^{-4}	1.88×10^{-4}	2.64×10^{-4}
	4	9.42	1.21×10^{1}	1.56×10^{1}	2.10×10^{1}	1.20	2.41	2.42	2.32	1.43×10^{-4}	1.99×10^{-4}	2.33×10^{-4}	4.18×10^{-4}
	5	9.82	1.26×10^{1}	1.60×10^{1}	2.15×10^{1}	1.22	2.42	2.41	2.32	1.45×10^{-4}	2.00×10^{-4}	2.34×10^{-4}	4.20×10^{-4}
34	1	0.00	0.00	0.00	0.00	1.06	9.16×10^{-1}	1.02	1.46	0.00	0.00	0.00	0.00
	2	6.03	6.74	6.70	6.82	1.45	9.44×10^{-1}	1.45	1.16	8.48×10^{-5}	1.07×10^{-4}	1.11×10^{-4}	1.22×10^{-4}
	3	7.82	1.03×10^{1}	1.29×10^{1}	1.70×10^{1}	1.68	1.61	2.31	2.30	1.13×10^{-4}	1.61×10^{-4}	1.88×10^{-4}	2.64×10^{-4}
	4	9.80	1.31×10^{1}	1.65×10^{1}	2.32×10^{1}	1.86	1.96	2.42	2.32	1.31×10^{-4}	1.89×10^{-4}	2.33×10^{-4}	4.18×10^{-4}
	5	1.02×10^{1}	1.36×10^{1}	1.71×10^{1}	2.38×10^{1}	1.86	1.96	2.41	2.32	1.32×10^{-4}	1.89×10^{-4}	2.34×10^{-4}	4.20×10^{-4}
44	1	0.00	0.00	0.00	0.00	2.32	2.33	2.64	2.34	0.00	0.00	0.00	0.00
	2	9.75	1.03×10^{1}	1.01×10^{1}	1.04×10^{1}	1.15	8.37×10^{-1}	1.74	2.44	3.62×10^{-4}	3.89×10^{-4}	3.68×10^{-4}	3.44×10^{-4}
	3	1.20×10^{1}	1.48×10^{1}	1.83×10^{1}	2.37×10^{1}	2.61	2.21	2.13	1.44	3.15×10^{-4}	2.88×10^{-4}	2.92×10^{-4}	3.04×10^{-4}
	4	1.46×10^{1}	1.85×10^{1}	2.29×10^{1}	3.13×10^{1}	5.61×10^{-2}	2.29×10^{-2}	4.91×10^{-2}	5.25×10^{-2}	1.52×10^{-2}	2.07×10^{-2}	2.24×10^{-2}	3.14×10^{-2}
	5	1.51×10^{1}	1.90×10^{1}	2.34×10^{1}	3.18×10^{1}	2.40×10^{-2}	2.91×10^{-2}	2.82×10^{-2}	2.88×10^{-2}	1.85×10^{-2}	2.54×10^{-2}	2.71×10^{-2}	4.08×10^{-2}

续表5-4

测点	步数	位移/mm				主应力差/MPa				剪应变增量			
		12m矿房	15m矿房	18m矿房	21m矿房	12m矿房	15m矿房	18m矿房	21m矿房	12m矿房	15m矿房	18m矿房	21m矿房
49	1	0.00	0.00	0.00	0.00	2.49	1.61	1.98	1.63	0.00	0.00	0.00	0.00
	2	2.70	2.31	2.10	1.92	1.80	1.56	1.55	1.22	1.62×10^{-4}	1.16×10^{-4}	8.09×10^{-5}	6.96×10^{-5}
	3	3.25	2.95	2.83	2.39	2.50	1.94	1.28	1.00	2.40×10^{-4}	2.05×10^{-4}	1.71×10^{-4}	1.52×10^{-4}
	4	3.90	3.80	3.65	2.97	6.03	3.08	3.22	3.38	5.67×10^{-4}	5.14×10^{-4}	3.99×10^{-4}	3.64×10^{-4}
	5	3.42	3.21	2.97	2.20	5.88	2.91	1.17×10^{-2}	1.19×10^{-2}	5.55×10^{-4}	5.00×10^{-4}	6.70×10^{-4}	5.74×10^{-4}
50	1	0.00	0.00	0.00	0.00	1.94	9.54×10^{-1}	1.85	2.85×10^{-1}	0.00	0.00	0.00	0.00
	2	1.14×10^{1}	1.05×10^{1}	1.08×10^{1}	2.97×10^{1}	1.49	1.14	9.63×10^{-1}	1.52	2.78×10^{-4}	2.20×10^{-4}	2.28×10^{-4}	1.02×10^{-3}
	3	1.09×10^{1}	9.77	9.84	3.63×10^{1}	1.93	3.17×10^{-2}	2.75×10^{-2}	3.42×10^{-2}	3.11×10^{-4}	7.77×10^{-3}	9.31×10^{-3}	1.39×10^{-3}
	4	1.06×10^{1}	9.46	9.58	9.41×10^{1}	2.14	2.85×10^{-2}	2.86×10^{-2}	2.84×10^{-2}	3.24×10^{-4}	8.63×10^{-3}	1.01×10^{-2}	1.61×10^{-3}
	5	1.06×10^{1}	9.51	9.65	1.09×10^{2}	2.12	3.56×10^{-2}	3.50×10^{-2}	1.47×10^{-2}	3.24×10^{-4}	8.74×10^{-3}	1.01×10^{-2}	2.01×10^{-3}
51	1	0.00	0.00	0.00	0.00	2.20	3.64	3.89	3.14	0.00	0.00	0.00	0.00
	2	3.07	3.21	3.13	3.44	3.60	4.50	5.07	4.50	2.65×10^{-4}	2.39×10^{-4}	2.36×10^{-4}	2.09×10^{-4}
	3	5.76	7.64	8.34	8.89	2.08	2.98	3.01	4.12	5.04×10^{-4}	4.69×10^{-4}	5.66×10^{-4}	4.37×10^{-4}
	4	7.58	9.52	1.03×10^{1}	1.08×10^{1}	2.23	3.01	3.26	4.07	4.98×10^{-4}	5.09×10^{-4}	5.75×10^{-4}	4.48×10^{-4}
	5	7.72	9.70	1.05×10^{1}	1.11×10^{1}	2.21	3.02	3.27	4.00	4.95×10^{-4}	5.09×10^{-4}	5.75×10^{-4}	4.46×10^{-4}

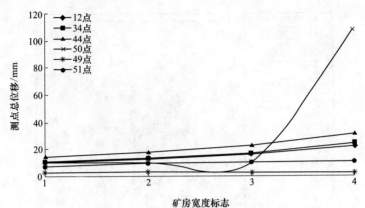

图 5-13　30m 顶柱四种矿房宽测点最终位移

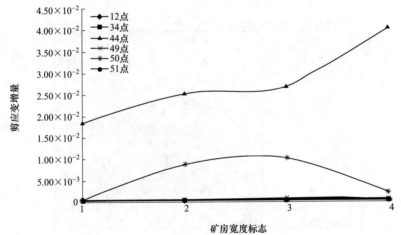

图 5-14　30m 顶柱四种矿房宽测点最终剪应变增量

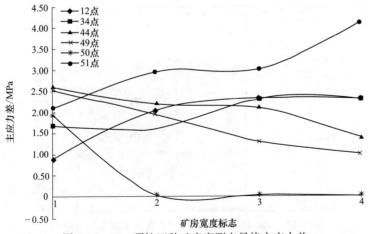

图 5-15　30m 顶柱四种矿房宽测点最终主应力差

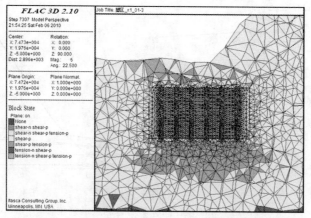

图 5-16　30m 顶柱 12m 宽矿房方案开采塑性区分布图

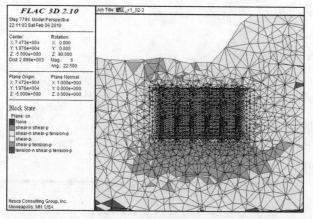

图 5-17　30m 顶柱 15m 宽矿房方案开采塑性区分布图

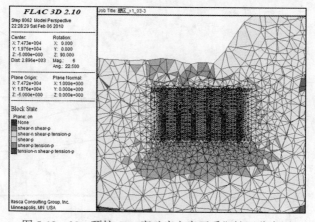

图 5-18　30m 顶柱 18m 宽矿房方案开采塑性区分布图

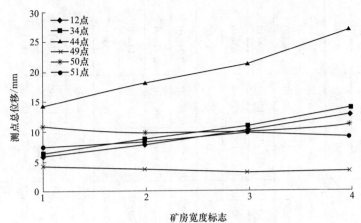

图 5-19　50m 顶柱四种矿房宽测点最终位移

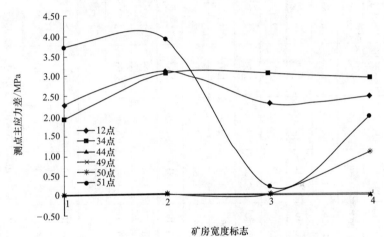

图 5-20　50m 顶柱四种矿房宽测点最终主应力差

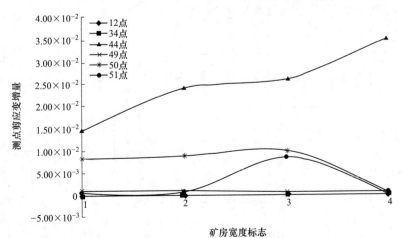

图 5-21　21m 顶柱四种矿房宽测点最终剪应变增量

表 5-5 50m 厚顶柱四种矿房宽度测点信息

测点	步数	位移/mm				主应力差/MPa				剪应变增量			
		12m矿房	15m矿房	18m矿房	21m矿房	12m矿房	15m矿房	18m矿房	21m矿房	12m矿房	15m矿房	18m矿房	21m矿房
12	1	0.00	0.00	0.00	0.00	1.59	2.02	1.04	6.09×10^{-1}	0.00	0.00	0.00	0.00
	2	3.71	4.24	4.36	4.92	1.95	2.66	1.66	1.38	5.21×10^{-5}	6.52×10^{-5}	6.06×10^{-5}	7.71×10^{-5}
	3	4.74	6.22	7.91	1.04×10^{1}	2.12	2.89	2.09	2.14	6.52×10^{-5}	8.73×10^{-5}	9.74×10^{-5}	1.38×10^{-4}
	4	5.76	7.61	9.66	1.25×10^{1}	2.28	3.08	2.31	2.43	7.80×10^{-5}	1.07×10^{-4}	1.16×10^{-4}	1.59×10^{-4}
	5	6.06	7.95	1.00×10^{1}	1.29×10^{1}	2.30	3.09	2.31	2.45	7.92×10^{-5}	1.09×10^{-4}	1.17×10^{-4}	1.60×10^{-4}
34	1	0.00	0.00	0.00	0.00	1.11	2.17	1.71	1.55	0.00	0.00	0.00	0.00
	2	4.03	4.65	4.73	5.34	1.64	2.69	2.41	2.19	4.93×10^{-5}	5.71×10^{-5}	6.09×10^{-5}	5.54×10^{-5}
	3	5.10	6.77	8.58	1.13×10^{1}	1.81	2.91	2.85	2.73	6.26×10^{-5}	7.83×10^{-5}	9.94×10^{-5}	9.77×10^{-5}
	4	6.21	8.28	1.04×10^{1}	1.36×10^{1}	1.94	3.08	3.05	2.92	7.49×10^{-5}	9.44×10^{-5}	1.18×10^{-4}	1.14×10^{-4}
	5	6.54	8.64	1.08×10^{1}	1.40×10^{1}	1.95	3.08	3.05	2.92	7.59×10^{-5}	9.50×10^{-5}	1.18×10^{-4}	1.15×10^{-4}
44	1	0.00	0.00	0.00	0.00	2.72	2.76	2.96	2.43	0.00	0.00	0.00	0.00
	2	1.02×10^{1}	1.11×10^{1}	1.10×10^{1}	1.26×10^{1}	1.10	1.30	2.14	2.44	3.80×10^{-4}	4.23×10^{-4}	4.10×10^{-4}	4.51×10^{-4}
	3	1.19×10^{1}	1.47×10^{1}	1.77×10^{1}	2.26×10^{1}	2.43	2.12	2.03	1.82	3.32×10^{-4}	3.44×10^{-4}	3.54×10^{-4}	4.18×10^{-4}
	4	1.42×10^{1}	1.79×10^{1}	2.14×10^{1}	2.68×10^{1}	3.29×10^{-2}	1.53×10^{-2}	3.83×10^{-2}	3.33×10^{-2}	1.20×10^{-2}	1.95×10^{-2}	2.10×10^{-2}	2.60×10^{-2}
	5	1.46×10^{1}	1.83×10^{1}	2.18×10^{1}	2.73×10^{1}	2.91×10^{-2}	2.91×10^{-2}	2.83×10^{-2}	2.88×10^{-2}	1.47×10^{-2}	2.39×10^{-2}	2.58×10^{-2}	3.53×10^{-2}

续表 5-5

测点	步数	位移/mm				主应力差/MPa				剪应变增量			
		12m矿房	15m矿房	18m矿房	21m矿房	12m矿房	15m矿房	18m矿房	21m矿房	12m矿房	15m矿房	18m矿房	21m矿房
49	1	0.00	0.00	0.00	0.00	4.08	3.84	4.07	1.54	0.00	0.00	0.00	0.00
	2	2.94	2.59	2.18	2.07	3.01	3.30	3.56	9.56×10^{-1}	1.69×10^{-4}	1.31×10^{-4}	8.44×10^{-5}	7.27×10^{-5}
	3	3.68	3.48	3.10	3.05	2.52	3.07	3.18	7.22×10^{-1}	2.70×10^{-4}	2.38×10^{-4}	1.75×10^{-4}	1.61×10^{-4}
	4	4.60	4.28	3.88	4.09	4.27	2.97	5.35	2.11	4.56×10^{-4}	6.63×10^{-4}	5.94×10^{-4}	3.87×10^{-4}
	5	4.15	3.72	3.24	3.35	1.15×10^{-2}	1.20×10^{-2}	1.19×10^{-2}	1.25×10^{-2}	8.49×10^{-4}	9.41×10^{-4}	5.24×10^{-4}	6.50×10^{-4}
50	1	0.00	0.00	0.00	0.00	7.49×10^{-1}	1.21	1.80	3.13	0.00	0.00	0.00	0.00
	2	1.16×10^{1}	1.06×10^{1}	1.12×10^{1}	1.25×10^{1}	1.50	1.47	1.46	1.06	2.62×10^{-4}	2.87×10^{-3}	2.36×10^{-4}	2.44×10^{-4}
	3	1.11×10^{1}	9.87	1.03×10^{1}	1.14×10^{1}	3.20×10^{-2}	2.75×10^{-2}	2.76×10^{-2}	1.06	7.01×10^{-3}	7.64×10^{-3}	9.24×10^{-3}	2.81×10^{-4}
	4	1.09×10^{1}	9.58	1.00×10^{1}	1.11×10^{1}	2.84×10^{-2}	2.86×10^{-2}	2.87×10^{-2}	1.10	8.16×10^{-3}	8.48×10^{-3}	9.97×10^{-3}	2.91×10^{-4}
	5	1.08×10^{1}	9.60	1.00×10^{1}	1.11×10^{1}	2.79×10^{-2}	3.51×10^{-2}	3.49×10^{-2}	1.08	8.41×10^{-3}	8.58×10^{-3}	1.00×10^{-2}	2.89×10^{-4}
51	1	0.00	0.00	0.00	0.00	3.41	3.73	2.23	2.28	0.00	0.00	0.00	0.00
	2	2.93	2.92	3.23	3.39	4.78	5.13	2.70	3.25	2.64×10^{-4}	2.62×10^{-4}	6.44×10^{-4}	2.12×10^{-4}
	3	5.49	6.43	7.73	7.26	3.57	3.80	2.95	1.97	4.82×10^{-4}	5.38×10^{-4}	3.65×10^{-4}	3.62×10^{-4}
	4	7.20	8.23	9.50	8.98	3.71	3.92	1.90×10^{-1}	1.95	4.91×10^{-4}	5.56×10^{-4}	7.67×10^{-3}	3.64×10^{-4}
	5	7.28	8.33	9.68	9.15	3.73	3.91	1.95×10^{-1}	1.95	4.91×10^{-4}	5.56×10^{-4}	8.46×10^{-3}	3.63×10^{-4}

　　由记录信息可知，随着矿房宽度的增加，各点的位移相应增大；开采完成后，12m 宽矿房方案的各测点位移依然最小，最大位移为 14.6mm，位于矿房顶部中间，最小位移为 4.15mm，在矿房脚点处，随矿房宽度增大，除第 49 点外，其他各点位移随着增大，15m 和 18m 方案的最大位移分别达到 18.3mm 和 21.8mm，同临近的上一方案相比分别增加了 3.7mm 和 3.5mm，涨幅相当；当 21m 方案开挖完成后，位移曲线变陡，最大位移达到了 27.3mm，比 18m 方案增大 5.5mm，幅度有所提高。从各测点主应力差来看，各方案间的变化不大，都在 4MPa 以内，且方案内各测点的主应力差值也相对集中。从各测点剪应变增量变化情况看，44 号点的记录值最大，四种方案对应的值分别为 0.0147、0.0239、0.0258、0.0353，前三种方案的增量变化曲线比较平缓，第三到第四方案的曲线突然变陡。由以上分析可知，12m、15m、18m 三种方案间的变化趋势不明显，而 21m 方案的位移和剪应变增量发生了较大的变化，下面结合四种方案的塑性区分布选择最佳的矿房宽度。

　　图 5-22~图 5-25（局部放大）所示为 4 种方案开采到第四步走向方向的塑性区分布图，四种方案的塑性区主要分布在境界顶柱内，处于矿房顶板以上和露采边坡坡脚以下部位，是露天开采和地下开采共同作用的结果。随着矿房宽度的增大，塑性区分布的范围逐渐扩大，前三种方案的分布还呈现出零星的状态，21m 方案的塑性区分布则连成了面，中间高两边低。这种大面积的塑性区说明该方案在开采过程中的稳定性不能得到有效保证，综合以上分析，确定 50m 境界顶柱厚度前提下，18m 矿房宽度方案是最优的方案。

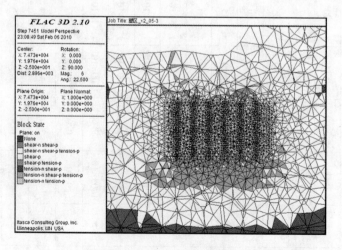

图 5-22　50m 顶柱 12m 宽矿房方案开采塑性区分布图

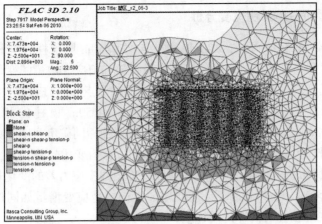

图 5-23　50m 顶柱 15m 宽矿房方案开采塑性区分布图

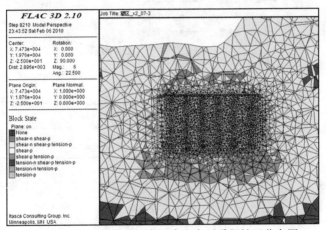

图 5-24　50m 顶柱 18m 宽矿房方案开采塑性区分布图

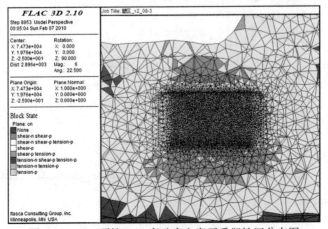

图 5-25　50m 顶柱 21m 宽矿房方案开采塑性区分布图

5.6.3　80m 厚顶柱的矿房宽度分析

从图 5-26~图 5-28 可知，80m 厚顶柱方案和 50m 厚顶柱方案相比，模拟的四种矿房宽度开采方案，测点的位移、主应力差和剪应变增量的变化趋势几乎是一样的，其记录值仅有微小的下降。如 80m 顶柱测点 44 对应四种方案的位移分别为 14.3mm、17.9mm、21.5mm 和 26.1mm，而 50m 顶柱的相应值分别为 14.6mm、18.3mm、21.8mm 和 27.3mm，两种顶柱相同矿房宽度方案的位移值非常接近，不同矿房宽度方案随着宽度值的增加位移值变化趋势相同，变化的幅度都非常小。同 50m 顶柱相比，80m 顶柱四种方案的主应力差的变化规律一致，不同之处为前者在 4MPa 以内，后者在 3MPa 以内。剪应变增量如同位移、主应力差一样，与 50m 顶柱有同样的规律。

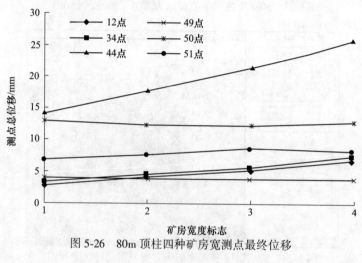

图 5-26　80m 顶柱四种矿房宽测点最终位移

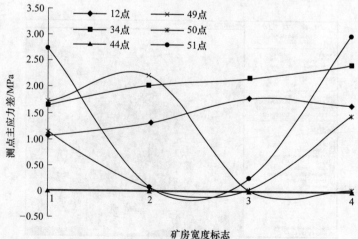

图 5-27　80m 顶柱四种矿房宽测点最终主应力差

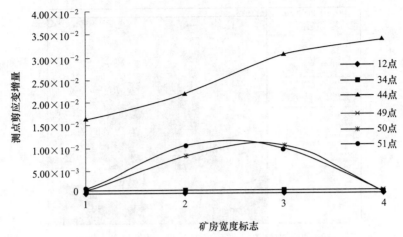

图 5-28　80m 顶柱四种矿房宽测点最终剪应变增量

从图 5-29~图 5-32（局部放大）可知，塑性区的分布具有和前面同样的规律，前几种方案的分布总体上呈现零星的特征，而第四种方案的塑性区在顶柱底部呈现出面的特征，这使得矿房在采空还没有充填期间的稳定不能得到保障。

综上所述，80m 顶柱条件下的矿房宽度也以 18m 为佳。

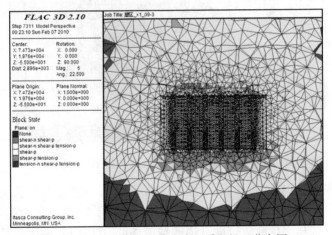

图 5-29　80m 顶柱 12m 宽矿房方案开采塑性区分布图（一）

5.6.4　参数优化分析

由上述分析可知，30m 厚度顶柱条件下，矿房宽度最大可达到 15m，而 50m 和 80m 厚度顶柱条件下的矿房宽度最大都只能达到 18m，说明随顶柱厚度的增加，矿房宽度可适当增大，但不能持续增大，当矿房宽达到 18m 后，再增加顶柱的厚度对于矿房宽度没有意义，因此，选择 80m 厚度顶柱没有实际意义。

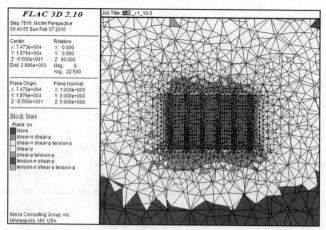

图 5-30   80m 顶柱 12m 宽矿房方案开采塑性区分布图 (二)

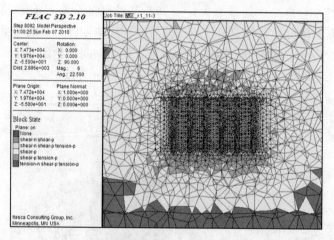

图 5-31   80m 顶柱 12m 宽矿房方案开采塑性区分布图 (三)

图 5-33 所示为第 44 点和第 12 点在 50m 和 30m 顶柱 4 种矿房宽度开采的位移对比关系。50m 顶柱条件下，随矿房宽度的增加，位移变化的趋势比较平缓；而 30m 顶柱的位移变化曲线更陡，说明留设 30m 顶柱的开采体系受采矿扰动比 50m 顶柱的灵敏；另外，从两种厚度顶柱开采的塑性区分布变化也可得到同样的结论。30m 顶柱 15m 矿房宽方案（30m 顶柱的最佳方案）开采完成后的最大位移和剪应变增量都位于第 44 点，分别为 19mm 和 2.54×10^{-2}；50m 顶柱 18m 矿房宽方案（50m 顶柱的最佳方案）开采完成后的最大位移和剪应变增量同样位于第 44 点，分别为 21.8mm 和 2.58×10^{-2}，相应差值非常小，基本上在同一级别。因此从安全起见，认为 50m 顶柱的开采体系比 30m 顶柱的开采体系抗干扰能力强，结合前面的分析可知，永平铜矿露天转地下开采的最佳方案是第六种数值模拟方

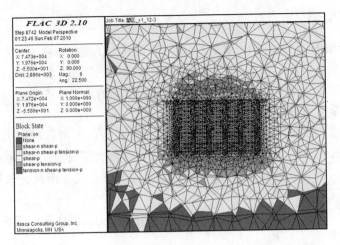

图 5-32　80m 顶柱 12m 宽矿房方案开采塑性区分布图（四）

案，即境界顶柱 50m 和矿房宽度 18m，30m 顶柱 15m 矿房宽方案次之。

　　永平铜矿目前南坑最低作业平台为 34m 和 46m，已经停止露天开采转向地下开采，设计首采中段为 −100m，开采顺序自上而下，−50m 作为回风中段，这样露天矿最低开采台阶与地下开采作业中段之间始终可保持 85～100m 的安全距离，计划采用的矿房宽度为 12m，类似数值模拟的第 12 种方案，开采体系足够稳定。根据数值分析的结果，实际上可对矿房参数进行优化，除了可将矿房的宽度调整到 15m 或 18m 外，还可从 −50m 水平向上开采到 0m 水平，但这个中断的矿房宽度重新调回到 12m，或者等 −100～−50m 中断开采充填完成后再以露天开采的方式开采两个台阶，最低可达 10m 水平，以充分回收资源。

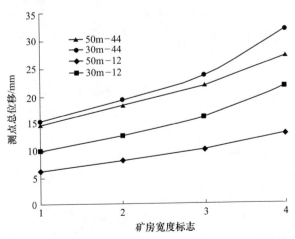

图 5-33　50m 和 30m 顶柱测点位移对比

5.7　本章小结

（1）采用 MIDAS、SURPAC、CAD 等软件建立了能反映露天坑和矿体形态的数值计算模型，解决了数值计算软件前处理能力弱的问题；根据岩体分级结果对室内岩块强度进行了弱化，得到了和实际较相近的岩体强度参数。这为保证模型计算精度创造了条件。

（2）计算结果表明，随顶柱厚度的增加，矿房宽度可适当增大，但不能持续增大，50m 和 80m 厚度顶柱条件下的矿房宽度最大都只能达到 18m。当矿房宽达到 18m 后，再增加顶柱的厚度对于矿房宽度没有意义，因此，选择 80m 厚度顶柱没有实际意义。

（3）50m 顶柱条件下的最佳矿房宽度为 18m，30m 顶柱条件下的最佳矿房宽度为 15m。

（4）50m 顶柱的开采体系比 30m 顶柱的开采体系抗干扰能力强，30m 顶柱15m 矿房宽方案和 50m 顶柱 18m 矿房宽方案的最大位移和最大剪应变增量基本在同一级别，说明永平铜矿露天转地下开采的最佳方案是境界顶柱 50m 和矿房宽度 15m，30m 顶柱 15m 矿房宽方案次之。

（5）根据数值分析的结果，建议对永平铜矿实际开采的矿房参数进行优化，除了可将矿房的宽度调整到 18m 或 15m 外，还可从 -50m 水平向上开采到 0m 水平，但这个中断的矿房宽度应重新调回到 12m，或者等 -100~-50m 中断开采充填完成后再以露天开采的方式开采两个台阶，最低可达 10m 水平，以充分回收资源。

6 露天转地下开采岩体移动规律和稳定性分析

<<<<<<<<<<<<<<<<<<<<<<<<<<<<<<<<<<<<<<<<<<<<<<<<<<<<<<<<<<<<<<<<

6.1 概述

随着我国露天转地下矿山数目的持续增加，地下与露天复合采动影响下岩体移动变形规律和稳定性研究成为近十几年来许多学者关注的重要论题之一。目前，人们对单一的露天开采和地下开采已做了大量的研究和实践，对单一露天开采边坡岩体的稳定性及移动变形规律和单一地下开采上覆岩体稳定性及地表移动变形规律有了较深的认识，但对露天转地下开采次生应力场对岩体力学场的影响机理的研究还很少。露天转地下开采的矿山，从开采的时空对应关系上看，两种方法的采动影响域中一部分相互叠加或包含，即一种开挖作用不仅影响到其自身影响域内的岩体应力场，同时对另一开挖体系的应力场也有干扰和破坏作用，使得两种开采体系之间相互扰动和相互诱发，组成了一个复合动态变化系统，因而岩体的变形机理更加复杂。根据国内外开采经验，露天转地下开采矿山，其边坡稳定性比单一露天开采降低 10% ~ 20%，地采开始后可能诱发上部边坡岩体滑移，对矿山安全生产造成危害。

由于地表形态和应力体系的复杂性，露天转地下开采条件下的岩体移动变形规律和岩体稳定性均不同于单一开采，很难在单纯采用如工程经验分析、现场监测、室内外试验等手段或方法的基础上得到解决。随着电子计算机技术的发展，尤其是功能强、速度快的岩土工程数值分析软件的开发，使得数值计算分析方法可以很好地模拟复杂地形、地质和采矿条件下岩体应力应变及形变的变化发展过程，从而成为露天转地下开采工艺系统研究，特别是境界顶柱、采场结构参数、岩层及地表移动规律研究的一种重要手段。

本章采用 FLAC 3D 有限差分计算软件，对第 5 章提出的优化方案和永平铜矿露天转地下开采的初步设计方案进行模拟计算，计算模型和条件与第 5 章相同。在境界顶柱和矿房参数优化研究的基础上，分析露天转地下开采过程中岩体应力应变及移动变化规律；采用数值模拟方法计算岩层移动角，与前文经验法和粗糙集-神经网络法结果相互比较和印证，从而为矿山安全高效生产提供参考。

6.2　复合扰动下的应力场和位移场变化规律

第 5 章对由不同境界顶柱厚度和不同矿房宽度组成的 12 种方案进行了数值模拟分析，得出了最优方案为顶柱 50m 及矿房宽度 18m，30m 顶柱 12m 矿房宽度方案为次优，而矿山初步设计方案（相当于数值计算的方案 9）最为保守。下面围绕这三个方案说明露天转地下开采的岩体应力应变及稳定性变化规律。

6.2.1　应力场变化规律

6.2.1.1　露天开采的模拟开挖

图 6-1 和图 6-2 所示为方案 7（最佳方案）第一步开挖即露天开采后形成的主应力场，由图可知，露天开采使原始岩体应力场发生了变化。应力的分布分层现象明显，边坡体内的分层和坡面近似平行，从上至下应力依次增大，并具有对称性；两边坡坡脚之间，即露采境界坑底以下岩体（矿体）形成明显的应力集中，为压应力，这是由于两帮及南端边坡向下运动在中间部位相互挤压造成的。

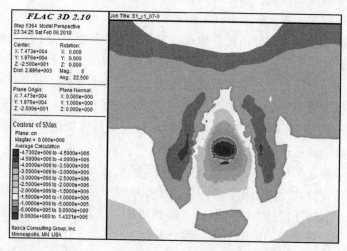

图 6-1　方案 7 第一步沿倾向过矿房中心剖面最大主应力等值线

从图 6-3 和图 6-4 可知，第一步开挖东帮边坡最大主应力和最小主应力的最大值均位于第 9 点，即坡脚位置，其值分别为−0.482MPa 和−1.63MPa；西帮边坡最大主应力和最小主应力的最大值同样位于坡脚位置（第 15 和 16 点），其值分别为−0.413MPa 和−1.75MPa，说明露天开采完成后最大主应力位于边坡的坡脚部位。从边坡面各相邻测点应力变化来看，根据应力的变化规律，可将坡面分成三段，第一段为应力变化平缓段，该段应力变化不大，属于露天开采影响较小的地段，如图 5-10 所示的 3 号点以右和 21 号点以左；第二段为锯齿状应力变化

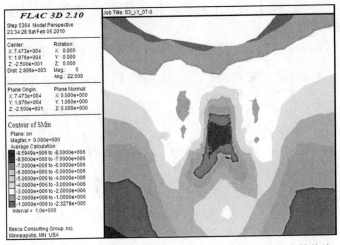

图6-2 方案7第一步沿倾向过矿房中心剖面最小主应力等值线

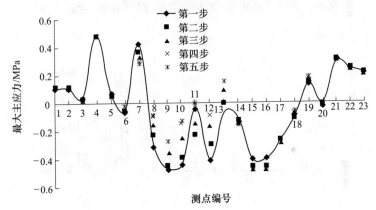

图6-3 方案7各步终了沿倾向剖面地表测点最大主应力值

段，该段范围受露天开采影响较大，由于露天开采是一个一个台阶向下推进，实际边坡面呈台阶状，导致边坡面上各点的应力一大一小，依次逐个变化，形成了如图5-10所示的锯齿状分布曲线，其范围为坡顶至坡腰位置，即东帮边坡的3~7号点，西帮边坡的21~19号点；第三段为应力急骤变化段，范围为从坡腰至坡脚段，之后应力逐渐减小，该段受露天开挖影响最大，具有应力变化速率快、幅度大的特点。如最大主应力的变化：东帮边坡从7号点的0.420MPa经8号点到9号点的-0.482MPa，西帮边坡从19号点的0.174MPa到15号点的-0.413MPa；最小主应力的变化：东帮边坡从7号点的-0.536MPa经8号点到9号点的-1.63MPa，西帮边坡从19号点的-0.559MPa到15号点的-1.75MPa。根据两帮边坡坡脚之间即露采境界坑底部分地表应力变化可知，露天开采后，该位置岩体受到了两帮边坡岩体共同挤压作用，属于露采体系的复合作用区，从图6-3和

图 6-4 可以看出，应力经坡脚向平坦地段有逐渐降低的趋势，然而在两帮边坡中间部位 12 号点处突然变大。

从图 6-5 ~ 图 6-7 可知，矿房各测点的 49 号点应力最大，位于矿房的右下角；

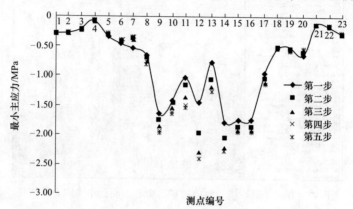

图 6-4　方案 7 各步终了沿倾向剖面地表测点最小主应力值

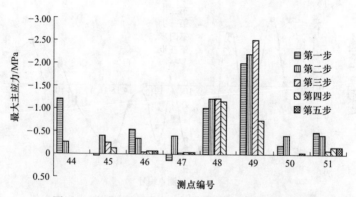

图 6-5　方案 7 各步终了矿房各测点最大主应力值

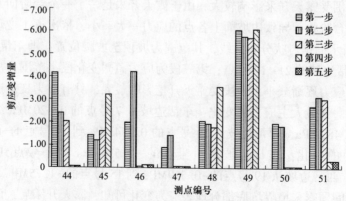

图 6-6　方案 7 各步终了矿房各测点剪应变增量

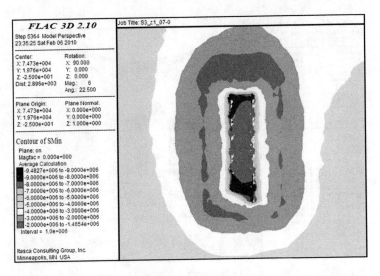

图 6-7　方案 7 第一步沿水平过矿房中心剖面最小主应力等值线

其次是 44 号点，位于矿房的顶部中间部位；水平方向上矿房的最大应力位于两端，说明第一步开挖后，矿房周围产生应力集中，从里向外层层递减，这和图 6-1、图 6-2 的结果是一致的。

6.2.1.2　地下开采的模拟开挖

如图 6-8 所示，地下开采进行到第一步，即开挖左矿房，但未充填。由于开挖卸载，最大主应力降低，且最大主应力集中区域向右侧偏移，最大主应力最大值由露采后的 -4.73MPa 降到 -2.82MPa；空区周围产生拉应力集中，向围岩深处逐渐减小，由于空区的 4 个侧面面积比顶底面的面积大得多，使得侧面应力集中明显，顶底部拉应力较小；由图 6-3 和图 6-4 可知，地下开采第一步完成后，地表各点的应力变化不一致，11、12 和 13 号点的主应力变化显著，位于开采矿房正上方，其他各点应力基本不变。

如图 6-9 所示，当地下开采进行到第二步，即左侧矿房被充填，中间矿房开挖但未充填时，空区右侧面和顶部产生拉应力集中，左侧矿房由于被充填和间柱作用，其周边拉应力分布得到改善，矿房顶部由于面积增大，拉应力集中的程度和范围增大，拉应力向境界顶柱内发展；采场底部的压应力集中也得到改善，最大值减到 -2.46MPa，应力分布有由右侧向左侧扩散的趋势；上覆岩层和两帮边坡岩体内的应力持续变化明显，地表各点的应力变化较大，由图 6-3 和图 6-4 可知，地下开采第二步完成后，9、10、11、12 和 13 号点的应力变化较大，其他各点应力变化很小，与地下开采的第一步相比，地下开采影响范围有所扩大。

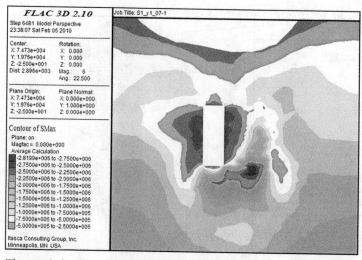

图 6-8　方案 7 第二步沿倾向过矿房中心剖面最大主应力等值线（一）

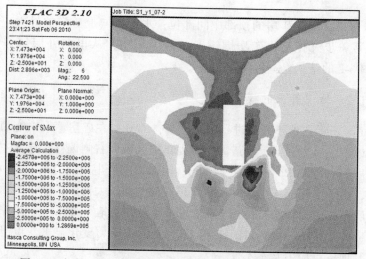

图 6-9　方案 7 第三步沿倾向过矿房中心剖面最大主应力等值线

　　如图 6-10 所示，左侧和中间矿房开挖并充填，右侧矿房开挖但未充填。矿房顶部、境界顶柱内拉应力集中程度和范围进一步增大，空区右侧腰部出现拉应力；由于充填体和矿柱的作用，充填区域的应力分布情况较好，基本无应力集中；采场底部应力向左侧集中，集中程度降低，最大值减到 -1.92MPa。上覆岩层和两帮边坡岩体内的应力持续变化，地表各点的应力变化范围增大，由图 6-3 和图 6-4 可知，地下开采第三步完成后，7、8、9、10、11、12 和 13 号点的应力变化较大，14、15 和 16 号点的主应力也有较小的变化，其他各点应力变化很小，与地下开采的第二步相比，地下开采影响范围进一步扩大。

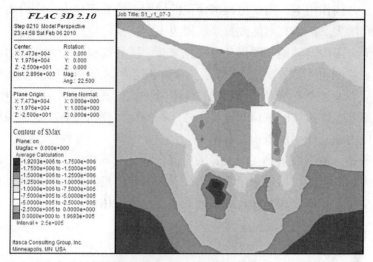

图 6-10　方案 7 第二步沿倾向过矿房中心剖面最大主应力等值线（二）

如图 6-11 所示，所有空区完成充填。由于矿柱和充填体的作用，采场区域应力分布均匀，与前一步相比，矿房顶部、境界顶柱内的拉应力集中程度只有微小的增长，集中范围基本不变；采场底部的应力分布都得到一定程度改善，最大主应力的最大值从前一步的−1.92MPa 变为−1.93MPa，只有微小的增大，应力分布更趋均匀，重新呈现对称的特点；从地表各测点应力变化来看，与前一步基本没有变化。

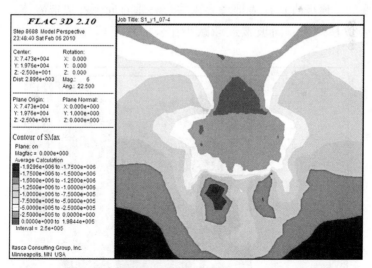

图 6-11　方案 7 第二步沿倾向过矿房中心剖面最大主应力等值线（三）

总的来看，随着地下开采的进行，露天开采形成的应力集中变化明显，最大应力值随开采不断降低，其分布逐渐向采场底部的 4 个角点转移。在露采应力场和地下开采共同作用下，随矿房顶部面积的增大，境界顶柱内拉应力集中的程度和范围不断增大。矿房充填能改善采场周边一定范围的应力分布，有效减小空区侧面的拉应力集中。从地表测点应力变化来看，随开挖步的增大，应力产生较大变化的地表范围也不断扩大，扩大的方向和开挖方向是一致的；矿块开挖完成后，地表应力发生明显变化的范围为 7~16 号测点，其中又以 9~13 号点间的应力变化最显著，即边坡的坡角和境界顶柱范围的应力变化显著，这也说明了两种开采体系应力相互作用的范围是有限的。

　　综上所述，地下开采是在露天开采后进行的，地下开采一定范围内的应力场受露采应力场的影响，反过来地下开采又对露天应力场一定范围有扰动作用，从而组成一个相互影响、相互作用的复合动态变化应力体系。

6.2.2　位移场分析

　　为了分析地下开采后的位移变化规律，对第一步即露天开采所产生的位移进行了清零。

　　露天开采使得原始位移场发生变化，边坡上各点位移近似平行坡面向下，接近坡脚处转向水平，而坑底由于露天开挖产生向上的位移。由图 6-12~图 6-14 可知，地下开采使位移场再次变化，位移均指向采空区，且随开采进行，位移逐渐增大，最大达到 20cm；地下开采第一步开挖采空区右侧位移比左侧大，其原因是右侧岩体强度小于左侧强度；采空区顶板和底板的位移都比较大，底板位移向上，产生底鼓，顶板直达地表即境界顶柱位移垂直向下；边坡岩体位移指向空区，坡脚处位移最大，向坡腰逐渐减小；采场内充填体位移较大，矿柱位移很小。

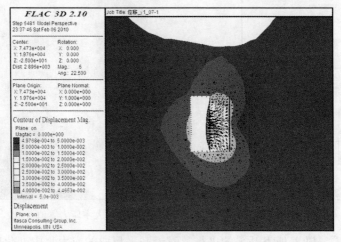

图 6-12　方案 7 左矿房开挖倾向剖面位移及矢量

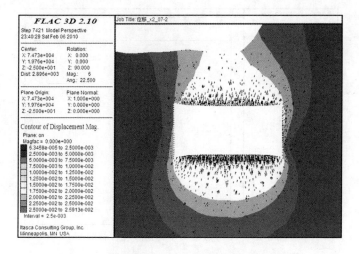

图 6-13 方案 7 中间矿房开挖走向剖面位移及矢量

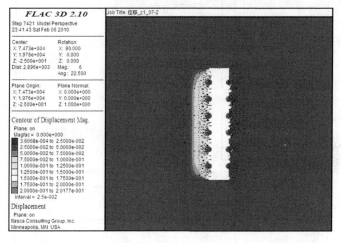

图 6-14 方案 7 中间矿房开挖水平剖面位移及矢量

图 6-15～图 6-18 所示为地表 11 号测点在地下开采模拟过程中的位移时步关系图，由图可知，开挖过程中，Y 方向的位移一直很小，主要以 Z 方向位移为主，X 向的次之，因此，该点主要以下沉变形为主；地下开采第一步的位移时步曲线最陡，后续依次变平缓，充填步位移基本呈直线状，位移总体上是由前三步开挖形成的，最后的充填过程位移基本没有变化，说明充填限制了位移的扩展。矿房周边各测点位移时步曲线也有类似的规律，图 6-19～图 6-22 所示为矿房顶部中心 44 号测点的位移时步关系图，在整个开挖过程中，水平向的位移都很小，主要以垂直位移为主，位移在中间矿房充填后就被很好的控制，后续开挖位移变化很小。

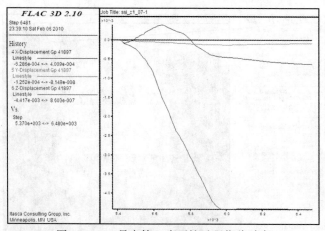

图 6-15　　11 号点第二步开挖过程位移时步

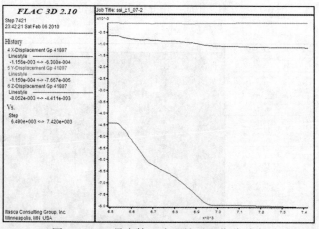

图 6-16　　11 号点第三步开挖过程位移时步

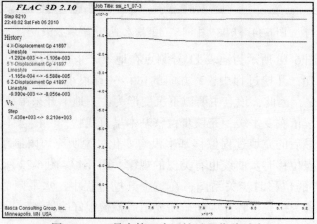

图 6-17　　11 号点第四步开挖过程位移时步

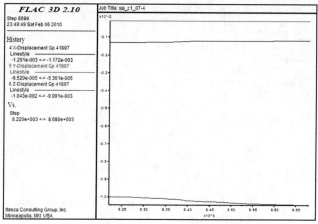

图 6-18　11 号点第五步开挖过程位移时步

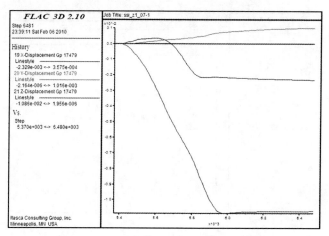

图 6-19　44 号点第二步开挖过程位移时步

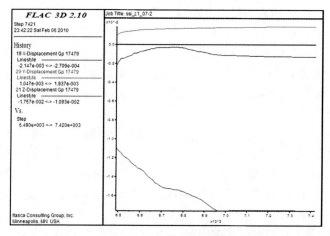

图 6-20　44 号点第三步开挖过程位移时步

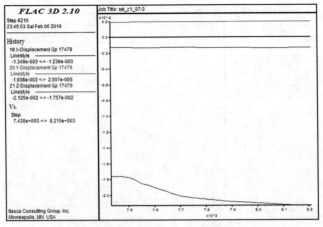

图 6-21　44 号点第四步开挖过程位移时步

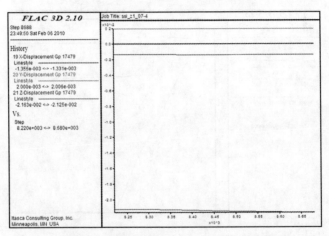

图 6-22　44 号点第五步开挖过程位移时步

图 6-23～图 6-25 所示为倾向剖面地表测点位移图。由图可知，地表各点位移以垂直方向为主，水平方向位移较小。覆岩位移主要发生在境界顶柱和两坡脚点范围内，地表位移产生在 4～17 号点间，又以 9～15 号点间位移变化最大，最大位移位于顶柱地表的 11 号点处，为 11mm；边坡坡面上的位移较小，坡脚处最大，分别为 10 号点的 8mm 和 15 号点的 8mm。随矿房开挖位移增大显著，充填能有效限制位移扩展，首个矿房开挖 11 号点位移增加了 4mm，第二个矿房开挖又增加了 4mm，第三个矿房开挖后增加了 2mm，最后的充填步位移几乎没有增大。图 6-26 所示为矿房周边测点位移柱状图，由各点位移变化可知，位移增加较明显的也在地下开挖的前三步，即 3 个矿房的开挖，最后一步充填位移变化很小。最大位移位于 44 号点，其值为 22mm；其次是 50 号点，位于空区的侧面中心，其位移值在第一个矿房开挖后最大，为 11mm，充填后位移减小，最终为10mm，再次说明了充填对位移的限制作用。

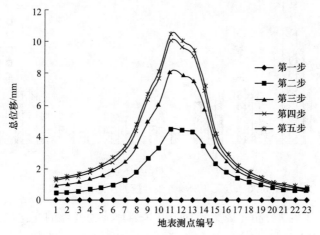

图 6-23 方案 7 倾向剖面各步开挖地表测点总位移

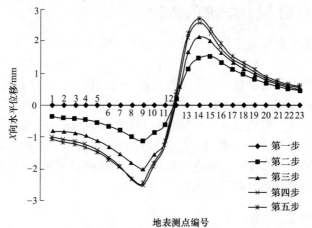

图 6-24 方案 7 倾向剖面各步开挖地表测点 X 方向水平位移

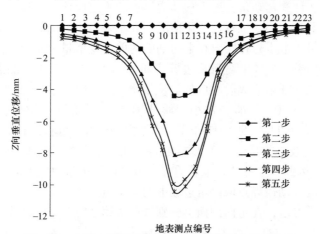

图 6-25 方案 7 倾向剖面各步开挖地表测点垂直位移

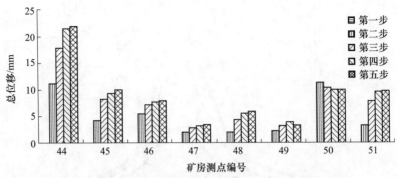

图 6-26　方案 7 采场各步开挖测点总位移柱状图

以上根据方案 7 分析了露天转地下开采岩体应力变形的变化规律，其他方案也有类似的规律。

6.3　基于数值法岩层移动角的确定

当前有少量文献报道了将数值计算方法用于确定岩层移动角。数值法由于能够模拟现场具体地质条件、开采过程和岩体的应力应变关系得到广泛应用；数值法存在的主要难点是很难建立和实际情况相一致的模型，很难获得和实际一致的岩体参数以及缺少现场实测数据，其精度难以保证。

为了和经验法、粗糙集-神经网络法得到的移动角进行验证和比较，本节采用数值模拟方法计算首采中断开采后的岩层移动角。由于经验法和粗糙集-神经网络法是根据矿山初步设计方案进行计算的，故数值法应采用相同的方案，即方案 9 的计算结果来计算岩层移动角。

6.3.1　地表移动边界点的确定

用数值方法计算移动角，地表移动边界点的确定应该根据地表各点剪切应变增量的变化情况和大小、位移的变化情况和大小来界定。图 6-27～图 6-30 所示为方案 9 地下开采 4 个步骤在倾向和走向剖面的剪应变增量及总位移图。

从倾向剖面看，矿体上盘东帮边坡表面的第 1、2、3、4 号测点剪应变增量变化曲线很平缓，开采完成后对应的剪应变增量分别为 3.16×10^{-6}、3.26×10^{-6}、3.64×10^{-6}、3.70×10^{-6}，都非常小，而从第 5 点开始迅速增大，从第 5 点的 4.77×10^{-6} 到最高第 11 点的 3.05×10^{-5}，增大了 10 倍；位移同样如此，第 1、2、3、4 号测点变化较小，量值也在 0.7～1mm，第 5 点开始曲线变陡，位移从 1mm 增到 3.15mm。因此，上盘位置地表的移动边界点取东帮边坡上的第 4 点。同理，下盘位置地表的移动边界点取西帮边坡上的第 18 点。

采取同样的方法，在走向剖面上分别选取了第 27 点和第 42 点作为地表移动边界点。

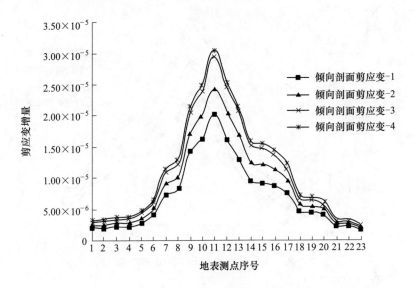

图 6-27　倾向剖面地表测点剪应变增量关系

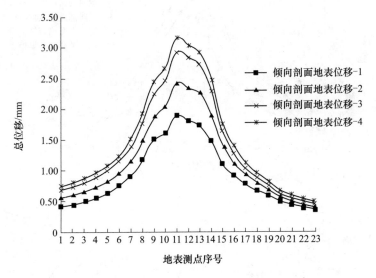

图 6-28　倾向剖面地表测点总位移关系

6.3.2　移动角的确定

如图 6-31 所示，选取了矿房 4 个脚点 A、B、C、D 作为移动角的起始点，以 4 个起始点和对应地表移动边界点的连线与水平线的夹角作为移动角，计算结果见表 6-1。

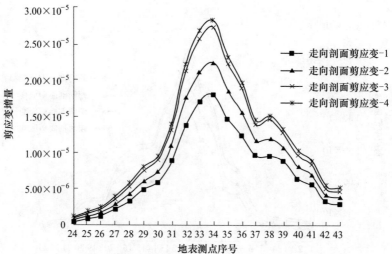

图 6-29   走向剖面地表测点剪应变增量关系

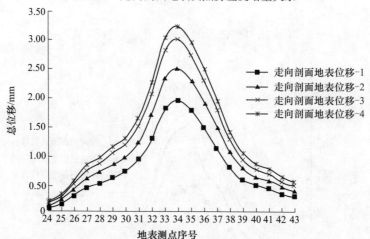

图 6-30   走向剖面地表测点总位移关系

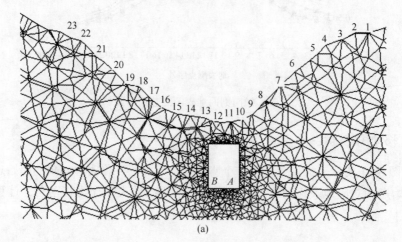

(a)

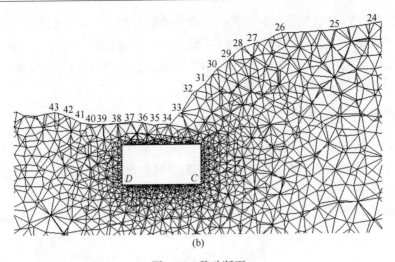

(b)

图 6-31 移动断面

(a) 倾向移动断面；(b) 走向移动断面

表 6-1 移动角计算结果

边界点	X 坐标/m	Y 坐标/m	Z 坐标/m	垂直距离/m	水平距离/m	移动角/(°)
4	74850	19750	130.7	210.7	104	63.73
A	74746	19750	-80			
18	74630	19750	85.45	165.45	80	64.19
B	74710	19750	-80			
27	74728	19651	139.2	219.2	54	76.16
C	74728	19705	-80			
42	74728	19875	55.1	135.1	70	62.61
D	74728	19805	-80			

由数值法得到的移动角为：上盘为 63.73°，下盘为 64.19°，走向分别为 76.16°、62.61°。从结果上看，上盘和下盘移动角基本一致，原因主要有以下三个：围岩统一按混合岩处理，采用了相同的岩体参数；移动角的起始点选择在矿房的脚点上，没有选在矿体开采底部的突出点上；地下采场位于露天采场境界最低平台下，两边地形具有对称性，其移动变形规律相似。走向剖面的两个移动角，一个位于边坡岩体内，另一个具有平坦的地表形状，两者相差达 13°，这反映了不同的地表形状其岩层具有不同的移动规律，平坦地形的岩层移动范围比边坡地形的移动范围更大，但边坡岩体各点位移变化速率更高。

6.3.3 几种方法计算结果的比较

前面已经对经验法和粗糙集-神经网络法的计算结果进行了比较，可以看出粗糙集-神经网络法的结果更客观合理。不同矿体、相同矿体不同条件，其移动角不同，粗糙集-神经网络法的结果：上盘移动角为 54.23°~65.51°，下盘移动角为 60.53°~72°，走向移动角为 70.63°~83.868°。数值法的计算结果和粗糙集-神经网络法的结果相近，说明用数值模拟的方法确定岩层移动角是可行的，也再次证实了粗糙集-神经网络法的可靠性。

6.4　岩体稳定性分析

为了与应力场和位移场的分析一致，先通过最佳方案（方案 7）在开采过程中塑性区分布和剪应变增量的变化来分析其岩体稳定性状态，然后分析初步设计方案（方案 9）的稳定状态。

图 6-32~图 6-36 所示为方案 7 倾向剖面第一步~第五步开挖的塑性区分布

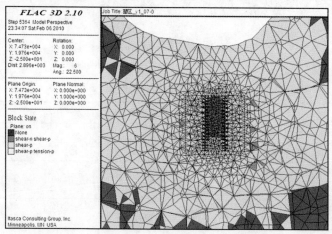

图 6-32　方案 7 第一步开挖倾向剖面塑性区分布

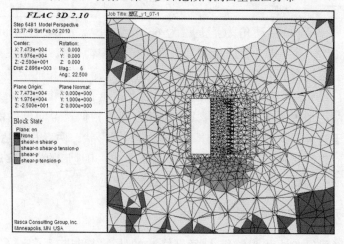

图 6-33　方案 7 第二步开挖倾向剖面塑性区分布

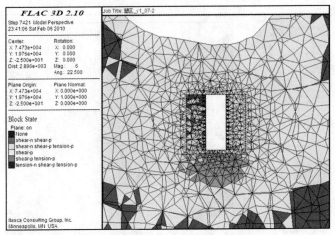

图 6-34　方案 7 第三步开挖倾向剖面塑性区分布

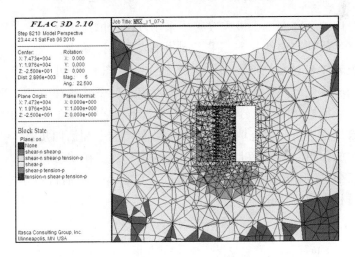

图 6-35　方案 7 第四步开挖倾向剖面塑性区分布

图。由图可看出，露天开采完成后，在矿体和围岩接触面处产生零星剪切塑性区，其他位置没有塑性区发展，因此，露天开采后边坡是稳定的。

地下开采的第一步，即首矿房的开挖使集聚在矿房周围的应力得到释放，局部应力得到暂时性改善，使得矿岩接触面塑性区消失，但在空区的顶底部和侧面产生零星塑性区，整个开采体系是稳定的；第二步开挖，采场周边和境界顶柱内塑性区分布有很小的扩大，边坡岩体内没有塑性区出现，边坡岩体和采场围岩稳定，左侧矿房充填体出现大面积拉塑性区；第三步开挖，边坡岩体依然没有产生塑性区，顶柱和采场周边围岩内塑性区依然有微小的增长，但整个体系稳定，左侧矿房充填体下部过渡到弹性状态，上部和中间矿房属塑性区；

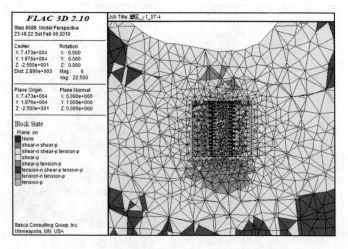

图 6-36   方案 7 第五步开挖倾向剖面塑性区分布

第四步采空区被全部充填，极大改善了采场及附近的应力状态，使得充填体被压实，最终过渡到非塑性状态，采场周边围岩塑性区减少，顶柱内塑性区有所扩大，边坡岩体未见塑性区，整个体系稳定。从图 6-37 可以看出，地表各点随地下开采剪应变增量逐渐增大，和应力及位移的变化规律一样，剪应变增量变化最大的区域也在 9~15 号点内，其值很小，最大的仅 1.22×10^{-4}，位于 11 号点；完成开挖进行最后充填剪应变增量没有增加，和第四步基本重合，再次证实了充填的作用。从位移上看，地下开采第一、二矿房开掘最大位移均增加 4mm，第三个矿房开挖最大位移增加 2mm，第五步充填后位移基本没有增大，说明开采过程中位移变化小。

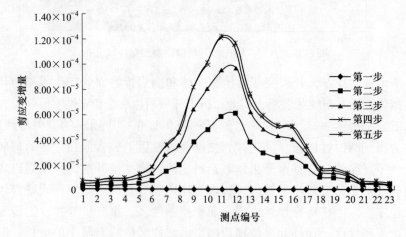

图 6-37   方案 7 各步开挖倾向剖面地表剪应变增量

由塑性区分布、剪应变增量和位移变化可知，采场围岩、境界顶柱和边坡岩体在开采过程中是稳定的。

除了矿房充填外，矿柱在维护采场稳定中也起了非常重要的作用，由图6-38~图6-43可以看出地下开采过程中矿柱的塑性变化情况。由图可知，在地下开采过程中，矿柱的顶底部和中间部位受剪切和拉伸作用首先进入塑性状态，随开采的推进，塑性区持续扩大，在进行到第四步时，两排矿柱的塑性区面积达到最大，但到第五步完全充填后，矿柱承受的应力得到极大改善，除顶底部留有少量塑性区外，其他部位塑性区基本消失，由此可见，在开采过程中，矿柱和矿房一同作用支撑采场的稳定，当充填全部完成后，则主要由充填体支撑采场的稳定；由图6-42和图6-43可知，在矿柱塑性区分布面最大的第三、四步，矿柱中的塑性区并没有贯通，塑性区多产生于矿柱的外表面，因此，在整个地下开采过程中虽然充填体出现过较大的塑性变形，但矿柱是稳定的，也保证了整个采场的稳定。

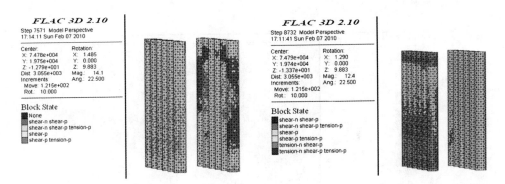

图 6-38　方案7第二步开挖矿柱塑性区分布　　图 6-39　方案7第三步开挖矿柱塑性区分布

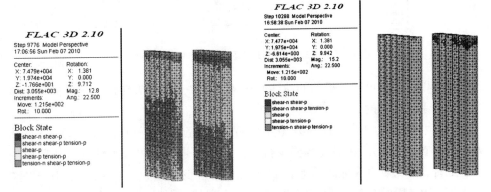

图 6-40　方案7第四步开挖矿柱塑性区分布　　图 6-41　方案7第五步开挖矿柱塑性区分布

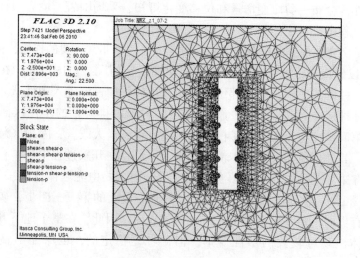

图 6-42　方案 7 第三步开挖水平剖面塑性区分布

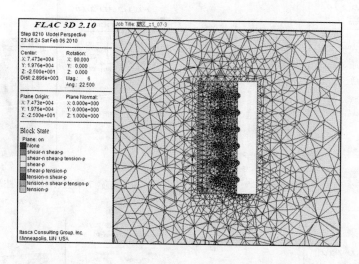

图 6-43　方案 7 第四步开挖水平剖面塑性区分布

综合以上分析可知，推荐的最佳方案（方案 7）在露天转地下开采过程中整个复合体系是稳定的。

图 6-44 所示为初步设计方案（方案 9）开采完成后的塑性区分布图，和最佳方案的图 6-36 相比，其塑性区要少得多，顶柱内也没有出现塑性区；从剪应变增量上看，方案 9 开采完成后地表 11 号点的剪应变增量为 3.05×10^{-5}，比方案 7 的 1.22×10^{-4} 减小了 3/4。因此方案 9 是超稳定的，但其开采的资源回收率和效率比方案 7 都低。

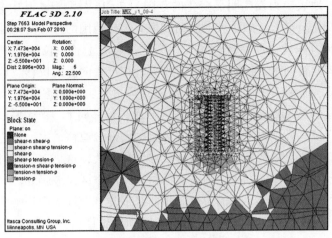

图 6-44 方案 9 第五步开挖倾向剖面塑性区分布

6.5 本章小结

（1）露天开采使原始岩体应力场发生了较大变化，坑底岩体受露采边坡复合作用，应力分布分层现象明显，边坡体内的分层和坡面近似平行，从上至下应力依次增大，并具有对称性。根据边坡面上应力的变化规律，可将坡面分成三段，第一段为应力变化平缓段，其应力变化不大，属于露天开采影响较小的地段；第二段为锯齿状应力变化段，该段范围受露天开采影响较大，由于露天开采是一个一个台阶向下推进，实际边坡面呈台阶状，导致边坡面上各点的应力一大一小，依次逐个变化，形成了锯齿状分布曲线，其范围为坡顶至坡腰位置；第三段为应力急骤变化段，范围为从坡腰至坡脚段，坡脚处应力最大，之后应力逐渐减小，该段受露天开挖影响最大，具有应力变化速率快、幅度大的特点。两边坡坡脚之间即露采境界坑底以下岩体（矿体）形成明显的应力集中，为压应力，这是由于两帮及南端边坡向下运动在中间部位相互挤压造成的，属于露采体系的复合作用区。

（2）地下开采是在露天开采后进行的，地下开采一定范围内的应力场受露采应力场的影响，反过来地下开采又对露天应力场一定范围有扰动作用，从而组成一个相互影响、相互作用的复合动态变化应力体系。随着地下开采的进行，露天开采形成的应力集中变化明显，最大应力值随开采不断降低，其分布逐渐向采场底部的 4 个角点转移。在露采应力场和地下开采共同作用下，随矿房顶部面积的增大，境界顶柱内拉应力集中的程度和范围不断增大。矿房充填能改善采场周边一定范围的应力分布，有效减小空区侧面的拉应力集中。随开挖步的增大，应力产生较大变化的地表范围也不断扩大，扩大的方向和开挖方向是一致的；矿块开挖完成后，地表应力发生明显变化的范围为 7~16 号测点，其中又以 9~13 号点间的应力变化最显著，即边坡的坡角和境界顶柱范围的应力变化显著。

（3）露天开采使得原始位移场发生变化，边坡上各点位移近似平行坡面向下，接近坡脚处转向水平，而坑底由于露天开挖产生向上的位移。地下开采使位移场再次变化，位移均指向采空区，且随开采进行，位移逐渐增大，最大达到 20cm。采空区顶板和底板的位移都比较大，底板位移向上，产生底鼓，顶板水平位移小，垂直位移大，以下沉变形为主，且中间部分位移最大。两边坡坡脚点间的岩体位移变化明显，特别是顶柱岩体位移变化最大，这是由于同时受到两个开采体系应力场共同作用的结果。边坡岩体位移指向空区，坡脚处位移最大，向坡腰逐渐减小。地下开采第一步的位移时步曲线最陡，后续依次变平缓，充填步位移基本呈直线状，位移总体上是由前三步开挖形成的，最后的充填过程位移基本没有变化，说明充填限制了位移的扩展。

（4）由数值法得到的移动角为：上盘为 63.73°，下盘为 64.19°，走向分别为 76.16°、62.61°，结果和粗糙集-神经网络法的结果相近，说明用数值模拟的方法确定岩层移动角是可行的，也再次证实了粗糙集-神经网络法的可靠性。由于上下盘岩体岩性和强度一致，地表形状相似，其移动变形规律相似；走向方向由于地表形状不同，其岩层具有不同的移动规律，平坦地形的岩层移动范围比边坡地形的移动范围更大，但边坡岩体位移变化速率更高。

（5）根据塑性区分布、剪应变增量和位移变化可知，第 5 章推荐最佳方案稳定可靠。初步设计方案超稳定，但其开采的资源回收率和效率最低。

7 结论与展望

<<<<<<<<<<<<<<<<<<<<<<<<<<<<<<<<<<<<<<<<<<<<<<<<<<<<<<<<<<<<<<<<<<<<<<<<<<<<<<<<

本书以永平铜矿露天转地下开采工程为背景，采用现场地质调查与分析、多元统计学理论、数据挖掘技术、非线性理论、损伤控制理论等方法和手段，在研究工程岩体质量分级、巷道围岩爆破损伤控制、岩层移动角预测、境界顶柱厚度和采场结构参数优化，以及复合开采体系的应力场、位移场变化规律等问题基础上，探讨了露天转地下开采的岩体稳定性和岩层及地表移动变形规律。论题的研究具有重要的现实和理论意义，研究内容紧贴工程实际，为永平铜矿当前露天转地下开采的设计和生产提供了依据，有利于露天转地下开采工艺的推广使用，对于其他岩体工程也有重要的参考价值；研究成果丰富和完善了矿山岩体力学和露天转地下开采学科内容。主要研究内容和结论性成果如下：

（1）基于 Fisher 判别理论，选取单轴抗压强度（R_c）、岩体声波纵波速度（V_p）、体积节理数（J_v）、节理面粗糙度系数（J_r）、节理面风化变异系数（J_a）、透水性系数（W_k）6 个参数作为岩体质量分级判别指标，利用实际监测数据作为样本，建立了岩体质量分级的 FDA（fisher discriminant analysis）分析模型，并将该方法应用到永平铜矿露天边坡岩体质量分级。结果表明，FDA 分析模型判别指标选择全面合理，能真实反映岩体的基本质量，能有效降低人为因素的影响；模型回判估计误判率为 0.1，正确率高，组内距离小，组间距离大，具有强大的分类预测功能。永平铜矿露天转地下开采范围内岩体质量总体较好，地下开采首采区边坡岩体属 2 类和 3 类，其稳定性较好，这与实际一致，并给出了岩体强度参数范围。因此，FDA 模型是岩体质量等级分类的一种有效方法，可在实际工程中推广应用。

（2）通过减小巷道掘进过程中爆炸荷载对围岩的损伤和改善围岩应力分布状态来提高巷道的稳定性能，为此，基于爆炸应力波和爆生气体综合作用理论，考虑了炸药性能、岩石条件、原岩应力和光爆层损伤影响，提出了巷道掘进光面爆破参数的理论计算公式。研究表明，岩石损伤后，其他条件不变，光面爆破的炮孔间距和抵抗线值可适当增大；高原岩应力存在相当于提高了岩石的抗拉强度，不利于炮孔初始裂纹的形成，宜减小炮孔间距和抵抗线；在深部采用光面爆破进行岩体开挖时应考虑对光爆层应力卸载，以解除高原岩应力的影响，改善爆破效果；高原岩应力和损伤条件下，其他条件不变，光面爆破的炮孔间距减小，容易造成爆后围岩损伤，降低围岩的稳定性能。建议永平铜矿巷道光面爆破工程中采用如下参数：炸药用 1 号岩石硝铵炸药（规格 20mm×600mm，殉爆距离 5cm，密度 1.05~1.10g/cm^3，实测爆速 3341m/s），炮孔间距 $E=630$mm，最小抵抗线厚度 $W=700$mm，径向不耦合系数 $K_d=2$，装药集中度 $q_1=0.25$kg/m，轴向不耦合系数 $K_1=1.32$。实例证实，该方法有效改善了爆破效果，可减小和控制巷道围岩爆破损伤，为提高巷道的稳定性能提供了一个积极的、主动的、有效的措施，可在岩体工程中推广应用。该公式还可根据工程环境的变化进行相应的调整，能适用于多数光面爆破工程的参数设计，有利于光面爆破技术的推广。

（3）通过分析粗糙集和神经网络的基本原理和特点，将粗糙集和神经网络有机地结合起来，取长补短，建立了粗糙集-人工神经网络预测模型。通过对 34 组实测样本数据的学习和训练，建立了包含上下盘岩石性质、矿体的倾角、厚度、开采深度以及采矿方法 6 个主要客观影响因素的粗糙集-BP 神经网络移动角预测模型，并用于永平铜矿露天转地下开采岩层移动角的预测。模型建立了从 6 种客观因素输入到三个方向移动角输出的非线性映射，基本反映了矿山开采岩层移动的本质特征，预测过程不受人为因素影响，克服了理论法和数值法遇到的难题。预测结果反映了如下岩层移动规律：其他条件相同，随着开采深度和岩石强度增大，移动角相应增大；其他条件相同，随着矿体厚度增大，移动角相应减小，这与实际情况相符。建议永平铜矿露天转地下开采岩层移动角最终可采用：Ⅱ-4 矿体上盘 54°、下盘 61°、走向 70°、Ⅳ 号矿体上盘 65°、下盘 68°、走向 74°。粗糙集-人工神经网络岩层移动角预测模型的建立，为各种条件地下开采岩层移动角的预测提供了一个全新可靠的途径。

（4）在岩体质量分级获得岩体参数的基础上，通过 MIDAS、SURPAC 和 CAD 等软件建立了如实反映实体模型的数值计算模型，采用 FLAC 3D 有限差分计算软件，对永平铜矿露天转地下开采的境界顶柱和采场结构参数作为一个有机整体进行了研究。分析了 12 种参数方案模拟开采过程中岩体应力场、位移场、剪应变增量和塑性区的变化规律。结果表明，随顶柱厚度的增加，矿房宽度可适当增大，但不能持续增大，50m 和 80m 厚度顶柱条件下的矿房宽度最大都只能达到 18m，当矿房宽达到 18m 后，再增加顶柱的厚度对于矿房宽度没有意义，提出最优的境界顶柱厚度为 50m，采场宽度为 18m。建议永平铜矿对实际开采的矿房参数进行优化，除了可将矿房的宽度调整到 18m 或 15m 外，还可从−50m 水平向上开采到 0m 水平，但这个中断的矿房宽度应重新调回到 12m；或者等−100~−50m 中断开采充填完成后再以露天开采的方式开采两个台阶，最低可达 10m 水平，以充分回收资源。

（5）在 12 种参数方案分析的基础上，重点研究了最优方案的应力场和位移场变化，探讨其岩体移动规律和稳定性，采用数值方法计算初步设计方案岩层移动角，并与经验法和粗糙集-神经网络法结果进行比较。

1）露天开采使原始岩体应力场发生了较大变化，应力分布分层现象明显，边坡体内的分层和坡面近似平行，从上至下应力依次增大，并具有对称性。根据应力的变化，可将坡面分成三段，第一段为应力变化平缓段，其应力变化不大，属于露天开采影响较小的地段；第二段为锯齿状应力变化段，该段范围受露天开采影响较大，由于露天开采是一个一个台阶向下推进，实际边坡面呈台阶状，导致边坡面上各点的应力一大一小，依次逐个变化，形成了锯齿状分布曲线，其范围为坡顶至坡腰位置；第三段为应力急骤变化段，范围为从坡腰至坡脚段，坡脚处应力最大，之后应力逐渐减小，该段受露天开挖影响最大，具有应力变化速率快、幅度大的特点。坑底岩体受露采边坡复合挤压作用明显，形成应力集中，为压应力，这是由于两帮及南端边坡向下滑动在中间部位相互挤压造成的，属于露采体系的复合作用区。

2）地下开采是在露天开采后进行的，地下开采一定范围内的应力场受露采应力场的影响，反过来地下开采又对露天应力场一定范围有扰动作用，从而组成一个相互影响、相互作用的复合动态变化应力体系。随地下开采的进行，应力产生较大变化的岩体范围不断扩大，扩大的方向和开挖方向一致；矿块开采完成后，应力发生明显变化的范围为 7~16 号测点间，其中又以 9~13 号点间的应力变化最显著，即上下盘边坡坡脚间范围内岩体受复合采动的作用最大。露天开采形成的应力集中也发生明显变化，最大主应力值随开采不断降低，其分布逐渐向采场底部的四个角点转移，有利于采场稳定。在露采应力场和地下开采共同作用下，随矿房顶部面积的增大，境界顶柱内拉应力集中的程度和范围不断增大。矿房充填能改善采场周边一定范围的应力分布，有效减小空区侧面的拉应力集中。

3）露天开采使得原始位移场发生变化，边坡上各点位移近似平行坡面向下，接近坡脚处转向水平，而坑底产生向上的位移。地下开采使位移场再次变化，位移均指向采空区，且随开采进行，位移逐渐增大，最大达到 20cm。采空区顶板和底板的位移都比较大，底板位移向上，产生底鼓，顶板水平位移小，垂直位移大，以下沉变形为主，且中间部分位移最大。两边坡坡脚点间范围的岩体位移变化明显，特别是顶柱岩体位移变化最大，这是由于同时受到两个开采体系应力场共同作用的结果。边坡岩体位移指向空区，坡脚处位移最大，向坡腰逐渐减小。地下开采第一步的位移时步曲线最陡，后续依次变平缓，充填步位移基本呈直线状，位移总体上是由前三步开挖形成的，最后的充填过程位移基本没有变化，说明充填限制了位移的扩展。

4）由数值法得到的移动角为：上盘为 63.73°，下盘为 64.19°，走向分别为 76.16°、62.61°，结果和粗糙集-神经网络法的结果相近，说明用数值模拟的方法确定岩层移动角是可行的，也再次证实了粗糙集-神经网络法的可靠性。由于上下盘岩体岩性和强度一致，地表形状相似，其移动变形规律相似；走向方向由于地表形状不同，其岩层具有不同的移动规律，平坦地形的岩层移动范围比边坡地形的移动范围更大，但边坡岩体位移变化速率更高。

5）根据塑性区分布、剪应变增量和位移变化可知，推荐最佳方案稳定可靠。初步设计方案超稳定，但其开采的资源回收率和效率最低。

本书针对露天转地下开采体系的某些方面展开研究，得出了一些有意义的成果。这些研究和成果还只是初步的，有待于随生产实践和测试而逐步修改和完善。在此基础上，计划在岩体强度参数取值、复合动态变化体系的岩体损伤理论与模型、地下开采顺序等方面展开深入研究；同时，露天开采大爆破、地下水对露天转地下开采体系的作用和影响的研究也有待深入。相信随着这些论题研究的持续开展，一定能为我国的露天转地下开采工程提供强劲的理论和技术支持。

参 考 文 献

[1] 佚名. 联合法开采金属矿床的前景 [J]. 世界采矿快报, 1998, 14 (7): 22-25.

[2] 王运敏. 冶金矿山采矿技术的发展趋势及科技发展战略 [J]. 金属矿山, 2006 (1): 19-25.

[3] 周前祥. 露天与地下联合开采工艺特点分析 [J]. 煤炭科学技术, 1995, 23 (1): 33-36.

[4] 王奕明, 任凤玉, 张永亮. 大型深凹露天转井下深部开采技术研究 [J]. 中国矿业, 2005, 14 (7): 57-59.

[5] 王运敏. "十五" 金属矿山采矿技术进步与 "十一五" 发展方向 [J]. 金属矿山, 2007 (12): 1-13.

[6] 徐长佑. 露天转地下开采 [M]. 武汉: 武汉工业大学出版社, 1990.

[7] 章启忠. 大冶铁矿深凹露天转地下开采的几个安全问题研究 [D]. 武汉: 武汉科技大学, 2007.

[8] 甘德清, 陈超. 程家沟铁矿露天转地下采场结构参数及回采顺序研究 [J]. 有色金属矿山部分, 2005, 57 (6): 18-21.

[9] 韩现民, 李占金, 甘德清, 等. 露天转地下矿山边坡稳定性的数值模拟与敏感度分析 [J]. 金属矿山, 2007 (6): 8-12.

[10] 李占金, 韩现民, 甘德清. 石人沟铁矿露天转地下过渡期采场结构参数研究 [J]. 矿业研究与开发, 2008, 28 (3): 1-2.

[11] 胡伟, 周爱民. 露天地下联合采矿联合保留层参数的自组织优化 [J]. 矿业研究与开发, 2002, 22 (1): 7-9.

[12] 李元辉, 南世卿, 赵兴东, 等. 露天转地下境界矿柱稳定性研究 [J]. 岩石力学与工程学报, 2005, 24 (2): 278-283.

[13] 马天辉, 唐春安, 杨天鸿. 露天转地下开采中顶柱稳定性分析 [J]. 东北大学学报 (自然科学版), 2006, 27 (4): 450-453.

[14] 许宏亮, 杨天鸿, 朱立凯. 司家营铁矿 Ⅲ 采场露天转地下境界顶柱合理厚度研究 [J]. 中国矿业, 2007, 16 (4): 74-76.

[15] 甘德清, 张云鹏. 建龙铁矿露天转地下过渡期联合开采方案研究 [J]. 金属矿山, 2002 (6): 5-9.

[16] 王进学, 王家臣, 董卫军. 大型露天金属矿山深部开采技术研究 [J]. 金属矿山, 2005 (7): 14-16.

[17] 和平贤, 吴子钧. 广西大新锰矿露天转地下开采顺序研究 [J]. 中国锰业, 2008, 26 (2): 35-38.

[18] 宋卫东, 王佐成, 宫东峰. 紫木凼金矿露天转地下开采边坡稳定性数值模拟研究 [J]. 黄金, 2008, 29 (11): 20-23.

[19] 宋卫东, 匡忠祥, 尹小鹏. 大冶铁矿东露天转地下开采生产规模优化研究 [J]. 金属矿山, 2004 (12): 9-11.

[20] 肖振凯, 李卫东. 浅谈排山楼金矿露天转地下开采生产能力的实现 [J]. 黄金, 2007,

28 (9)：23-27.

[21] 孙世国，蔡美峰，王思敬．露天转地下开采边坡岩体滑移机制的探讨 [J]．岩石力学与工程学报，2000，19 (1)：126-129.

[22] 李文秀．急倾斜厚大矿体地下与露天联合开采岩体移动分析的模糊数学模型 [J]．岩石力学与工程学报，2004，23 (4)：572-577.

[23] 刘辉，陈文胜，冯夏庭．大冶铁矿露天转地下开采的离散元数值模拟研究 [J]．岩土力学，2004，25 (9)：1413-1417.

[24] 杜建华，宋卫东，匡忠祥，等．深凹露天转地下开采错动界限的数值模拟研究 [J]．金属矿山，2005 (9)：18-22.

[25] 任高峰，张世雄，彭涛．大冶铁矿东露天转地下开采数值模拟研究 [J]．化工矿物与加工，2006 (2)：20-23.

[26] 韩放，谢芳，王金安．露天转地下开采岩体稳定性三维数值模拟 [J]．北京科技大学学报，2006，28 (6)：509-514.

[27] 何姣云，张世雄．大冶铁矿露天转地下开采爆破对露天边坡影响的研究 [J]．矿冶工程，2006，26 (5)：1-5.

[28] 何姣云，任高峰．露天转地下开采巷道变形监测及灰色预测 [J]．矿业研究与开发，2006，26 (5)：72-74.

[29] 黄平路，陈从新．露天和地下联合开采引起矿山岩层移动规律的数值模拟研究 [J]．岩石力学与工程学报，2007，26 (增2)：4037-4043.

[30] 蓝航，李凤明，姚建国．露天煤矿排土场边坡下采动沉陷规律研究 [J]．中国矿业大学学报，2007，36 (4)：482-486.

[31] 吴永博，高谦．露天转地下开采高边坡变形监测与稳定性预测 [J]．矿业研究与开发，2009，29 (1)：52-54.

[32] 王宾，宋卫东，杜建华．深凹露天转地下开采地压宏观调查及巷道变形规律分析 [J]．金属矿山，2009 (5)：27-32.

[33] 刘景秀．深凹露天转地下开采矿山防排水措施的探讨 [J]．非金属矿，2001，24 (4)：40-41.

[34] 朱殿柱，张子刚．中国铁矿露天转地下开采灾害预警信息化研究 [J]．矿冶工程，2002，22 (2)：10-13.

[35] 严松山．南山矿业公司凹山采场露天转地下可行性研究 [J]．金属矿山，2006 (9)：34-36.

[36] 陈义静，甘德清，孙文锦．程家沟铁矿露天转地下后露天坑排尾可行性研究 [J]．河北理工大学学报（自然科学版），2008，30 (3)：10-15.

[37] 许宏发，周建民，等．国标岩体质量分级的简化方法 [J]．岩土学，2005，26 (增)：88-90.

[38] 付玉华，王兴明．岩体质量分级的 Fisher 判别分析模型及应用 [J]．金属矿山，2012，12：106-110.

[39] 林韵梅．岩石分级的理论与实践 [M]．北京：冶金工业出版社，1996：5-32.

[40] TERZAGHI K. Rock defects and load on tunnel support [M] //Proctor R V, White T. Rock tunneling with steel supports. Youngs town, OH: Commercial Shearing Co. , 1946: 15-99.

[41] CAOTES. Handbook on mechanical properties of rocks [M]. Publication Trans Tech, 1978.

[42] DEERE D U. Technical description of rock cores for engineering purposes [J]. Rock Mechanics and Engineering Geology, 1964, 1 (1): 17-22.

[43] WICKHAM. Handbook on mechanical properties of rocks [M]. Publication Trans Tech, 1978.

[44] BIENIAWSKI Z T. Engineering classification of jointed rock masses [J]. Trans S Afr Inst Civ Eng, 1973, 15 (12): 335-344.

[45] BIENIAWSKI Z T. Rock mass classification in rock engineering [C] // Exploration for rock engineering [A]. Proc. Of The Symp. Cape Town: Baldema, 1976: 97-106.

[46] BARTON N R. A review of the shear strength of filled discontinuities in rock [M]. Norwegian Geotech Inst Publ No. 105, Oslo: Norwegian Geotech Inst, 1974.

[47] HOEK E. Strength of rock and rock masses [J]. ISRM New Journal, 1994, 2 (2): 4-16.

[48] HOEK E, Marinos P, Benissi M. Applicability of the geological strength index (GSI) classification for very weak and sheared rock masses [J]. Bull Eng Geol Env, 1998, 57: 151-160.

[49] HOEK E, Brown E T. Practical estimates of rock mass strength [J]. Int J Rock Mech & Min Sci Geomech Abstr, 1997, 34 (8): 1165-1186.

[50] PALMSTRØM A. Characterizing rock masses by the RMi for use in practical rock engineering [J]. Tunnelling Underground Space Technol, 1996, 11 (2): 175-188.

[51] PALMSTRØM A. RMi—A rock mass characterization system for rock engineering purposes [D]. Norway: University of Oslo, 1995.

[52] 周思孟. 复杂岩体若干岩石力学问题 [M]. 北京: 中国水利水电出版社, 1998.

[53] 谷德振. 岩体工程地质力学基础 [M]. 北京: 科学出版社, 1979.

[54] 中华人民共和国国家标准编写组. 水利水电工程地质勘察规范 (GB 50287—1999) [S]. 北京: 中国计划出版社, 1999.

[55] 中华人民共和国国家标准编写组. 工程岩体分级标准 (GB 50218—1994) [S]. 北京: 中国计划出版社, 1999.

[56] 秦四清, 张倬元, 王士天, 等. 节理岩体的分维特征及其工程地质意义 [J]. 工程地质学报, 1993, 1 (2): 14-23.

[57] 丁多文. 岩体结构分形及应用研究 [J]. 岩土力学, 1993, 14 (3): 67-71.

[58] 易顺民, 唐辉明, 龙昱. 基于分形理论的岩体工程分类初探 [J]. 地质科技情报, 1994, 13 (12): 101-106.

[59] 杜时贵, 李军, 徐良明, 等. 岩体质量的分形表述 [J]. 地质科技情报, 1997 (1): 91-96.

[60] 夏元友, 朱瑞赓. 关于分形理论在结构岩体的应用研究 [J]. 岩石力学与工程学报, 1997, 16 (4): 362-367.

[61] 连建发, 慎乃齐, 张杰坤. 分形理论在岩体质量评价中的应用研究 [J]. 岩石力学与工程学报, 2001, 20 (增): 1695-1698.

[62] 盛建龙，伍佑伦. 基于分形几何理论的岩体结构面分布特征研究 [J]. 金属矿山，2002 (8)：45-47.

[63] BAGDE M N, RAINA A K, CHAKRABORTY A K, et al. Rock mass characteriza tion by fractal dimension [J]. Engineering Geology, 2002 (63): 141-155.

[64] 刘树新，张飞. 三维岩体质量的多重分形评价及分类 [J]. 岩土力学，2004，25 (7)：1116-1121.

[65] 刘艳章，盛建龙，葛修润，等. 基于岩体结构面分布分形维的岩体质量评价 [J]. 岩土力学，2007，28 (5)：971-975.

[66] 王锦国，周志芳，杨建，等. 溪洛渡水电站坝基岩体工程质量的可拓评价 [J]. 勘察科学技术，2001 (6)：25-29.

[67] 陈志坚，朱代洪，张雄文. 围岩质量综合评判模型和大坝建基面优选模型的建立 [J]. 河海大学学报，2002 (4)：88-91.

[68] 王彦武. 地下采矿工程岩体质量可拓模糊评价方法 [J]. 岩石力学与工程学报，2002 (1)：18-22.

[69] 连建发，慎乃齐，张杰坤. 基于可拓方法的地下工程围岩评价研究 [J]. 岩石力学与工程学报，2004，23 (9)：1450-1453.

[70] 丁向东，吴继敏. 岩体质量模糊分类方法 [J]. 水利水电科技进展，2006，26 (3)：18-20.

[71] 冯夏庭，王泳嘉. 岩体质量评价的神经网络专家系统 [J]. 有色金属季刊，1994 (4)：7-12.

[72] 魏一鸣，范体均，童光煦. 基于神经网络的岩体质量模式识别 [J]. 武汉化工学院学报，1994，16 (3)：62-65.

[73] 李强. BP 神经网络在工程岩体质量分级中的应用研究 [J]. 西北地震学报，2002 (3)：220-224.

[74] 慎乃齐，刘飞，连建发. 人工神经网络在围岩稳定性分类中的应用 [J]. 工程地质学报，2002，10 (增)：436-438，472.

[75] 赵红亮，陈剑平. 人工神经网络在澜沧江某电站坝基右岸复杂岩体分类中的应用 [J]. 煤田地质与勘探，2003，31 (1)：31-33.

[76] 王彪，陈剑平，等. 人工神经网络在岩体质量分级中的应用 [J]. 世界地质，2004，23 (1)：64-68.

[77] 张飞，赵永峰，刘小光. 基于 BP 神经网络岩体质量评价方法的相关性探讨 [J]. 黄金，2005，26 (9)：22-25.。

[78] 徐健，王驹，马艳. 基于 BP 神经网络的岩体质量评价 [J]. 铀矿地质，2007 (4)：249-256.

[79] 陈丽亚，肖猛，张喜娥. 基于改进 BP 网络在复杂岩体质量分类中的应用 [J]. 国外建材科技，2007，28 (4)：114-117.

[80] 邱道宏，陈剑平，等. 基于粗糙集和人工神经网络的洞室岩体质量评价 [J]. 吉林大学学报（地球科学版），2008，38 (1)：86-91.

[81] 孙恭尧, 黄卓星, 夏宏良. 坝基岩体分级专家系统在龙滩工程中的应用 [J]. 红水河, 2002 (3): 6-11.

[82] 章杨松. 岩石质量指标的计算机模拟及其风险分析 [J]. 地质灾害与环境保护, 2002 (1): 44-47.

[83] 章杨松, 罗国煌, 李晓昭, 等. 岩体质量分级的风险分析方法 [J]. 工程地质学报, 2002 (3): 331-336.

[84] 王环玲, 晏鄂川, 余宏明. 运用结构面模拟技术分析岩体质量特征 [J]. 地质灾害与环境保护, 2002 (3): 64-68.

[85] 马淑芝, 贾洪彪, 唐辉明, 等. 利用 "岩体裂隙率" 评价工程岩体的质量 [J]. 水文地质工程地质, 2002 (1): 10-12.

[86] 宫凤强, 李夕兵. 隧洞围岩稳定性评价的 Bayes 判别分析法及应用 [J]. 地下空间与工程学报, 2007, 3 (6): 1138-1141.

[87] 文畅平. 岩体质量分级的 Bayes 判别分析方法 [J]. 煤炭学报, 2008 (4): 395-399.

[88] 宫凤强, 李夕兵, 等. 距离判别分析法在岩体质量等级分类中的应用 [J]. 岩石力学与工程学报, 2007, 26 (1): 190-194.

[89] 宫凤强, 李夕兵, 等. 隧道围岩分级的距离判别分析模型及应用 [J]. 铁道学报, 2008, 30 (3): 119-123.

[90] 孙进忠, 中国地质大学 (北京) 建设工程质量检测中心. 南水北调工程与陕京管道交叉穿越改造易县段隧道工程钻孔岩芯力学试验、波速测试综合报告 [R]. 2006.

[91] 杨志强, 王龚明, 袁积余, 等. 地下金属矿床开采岩层移动预测与控制 [J]. 采矿技术, 2002, 2 (2): 48-50.

[92] 克拉茨 H. 采动损害及其防护 [M]. 马伟民, 译. 北京: 煤炭工业出版社, 1984.

[93] 余学义, 张恩强. 开采损害学 [M]. 北京: 煤炭工业出版社, 2004.

[94] 耿虔, 等. 通钢板石沟铁矿上青矿区地压与岩移问题的对策 [J]. 中国矿业, 2000, 9 (2): 18-23.

[95] 何国清, 等. 矿山开采沉陷学 [M]. 北京: 中国矿业大学出版社, 1989.

[96] HOOD M, EWY R T, RIDDLE L R. Empirical methods of subsidence predication—A case study from Illinois [J]. Rock Mech Min Sci & Geomech Abstr, 1983, 20 (4): 153-170.

[97] 鲍莱茨基 M. 矿山岩体力学 [M]. 于振海, 等译. 北京: 煤炭工业出版社, 1985.

[98] 阿威尔 C T. 煤矿地下开采的岩层移动 [M]. 北京矿业学院矿测教研组, 译. 北京: 煤炭工业出版社, 1959.

[99] LIU B C. Ground Surface Movement due to Underground Excavation in P. R. China [M]. Comprehensive Rock Engineering. Pergamon Press, 1993: 781.

[100] LIAO S T, LA J. A stochastic approach to site response component in seismic ground motion coherency model [C] // Proceeding of the 10th International Soil Dynamics & Earthquake Engineering. Philadelphia, 2001.

[101] 中华人民共和国煤炭工业部. 建筑物、水体、铁路及主要井巷煤柱留设与压煤开采规程 [M]. 北京: 煤炭工业出版社, 1986.

[102] 刘宝琛. 煤矿地表移动基本规律 [M]. 北京: 中国工业出版社, 1965.

[103] 何国清, 等. 威布尔型影响函数在地表移动预计中的应用 [C] // 国际矿山测量会议论文选, 北京: 煤炭工业出版社, 1983.

[104] 何国清. 岩移预计的威布尔分布法 [J]. 中国矿业学院学报, 1988, 6 (4): 25-30.

[105] 白矛. 用力学方法研究岩层与地表移动 [J]. 煤炭学报, 1983, 8 (3): 12-15.

[106] 刘宝琛. 岩体力学概论 [M]. 长沙: 湖南科学技术出版社, 1982.

[107] 崔希民, 杨硕. 开采沉陷的流变模型讨论 [J]. 中国矿业, 1996, 5 (2): 52-54.

[108] 曾卓乔, 寇新建. 流变学的方法研究岩层和地表移动过程 [J]. 江西有色冶金, 1991, 5 (2): 16-19.

[109] 谢和平, 周宏伟, 王金安, 等. FLAC 在煤矿开采沉陷预测中的应用及对比分析 [J]. 岩石力学与工程学报, 1999, 18 (4): 397-401.

[110] 吴侃, 葛家新, 等. 开采沉陷预计一体化方法 [M]. 北京: 中国矿业大学出版社, 1998.

[111] 张玉卓. 断层影响地表移动规律的统计和数值模拟研究 [J]. 煤炭学报, 1989, 22 (5): 466-471.

[112] LEE A J. The effect of faulting on mining subsidence [J]. The mining Engineer, 1996, 8 (1): 735.

[113] CUNDALL P A. A computer model for simulating progressive large scale movement in blocky rock systems [C] // Proceedings of Symp. Int. Society of Rock Mechanics. Nancy, France: [s. n.], 1971: 11-18.

[114] LORIG L J. A hybrid computational model for excavation and support design in jointed media [D]. Minnesota: University of Minnesota, 1984.

[115] 王泳嘉. 离散单元法及其在岩土力学中的应用 [M]. 沈阳: 东北工学院出版社, 1991.

[116] 麻凤海, 范学理, 王泳嘉. 巨系统复合介质岩层移动模型及工程应用 [J]. 岩石力学与工程学报, 1997, 16 (6): 536.

[117] 徐乃忠. 煤矿覆岩离层注浆减小地表沉陷研究 [D]. 徐州: 中国矿业大学, 1997.

[118] 张玉卓, 陈立良, 等. 长壁开采覆岩离层产生的条件 [J]. 煤炭学报, 1996, 21 (6): 577-581.

[119] 高延法. 煤矿岩层与地表移动的电算模拟研究 [J]. 山东矿业学院学报, 1987 (1): 6-9.

[120] 高尔新, 杨仁树. 爆破工程 [M]. 徐州: 中国矿业大学出版社, 1999.

[121] 王文龙. 钻眼爆破 [M]. 北京: 煤炭工业出版社, 1989.

[122] 蔡福广. 光面爆破新技术 [M]. 北京: 中国铁道出版社, 1994.

[123] 高金石, 张继春. 爆破破岩机理动力分析 [J]. 金属矿山, 1989, 9: 7-13.

[124] 高金石, 杨军, 张继春. 准静态压力作用下岩体爆破成缝方向与机理的研究 [J]. 爆炸与冲击, 1990, 10 (1): 76-84.

[125] 宗琦, 马芹永. 光面爆破参数的理论分析 [J]. 阜新矿业学院学报 (自然科学版), 1994, 13 (4): 21-25.

[126] 马芹永. 光面爆破炮眼间距及光面层厚度的确定 [J]. 岩石力学与工程学报, 1997, 15 (6): 590-594.

[127] 徐颖, 宗琦. 光面爆破软垫层装药结构参数理论分析 [J]. 煤炭学报, 2000, 25 (6): 610-613.

[128] 戴俊, 杨永琦. 光面爆破相邻炮孔存在起爆时差的炮孔间距计算 [J]. 爆炸与冲击, 2003, 23 (3): 253-258.

[129] 戴俊. 深埋岩石隧洞的周边控制爆破方法与参数确定 [J]. 爆炸与冲击, 2004, 24 (6): 493-498.

[130] 顾义磊, 李晓红, 杜云贵. 隧道光面爆破合理爆破参数的确定 [J]. 重庆大学学报 (自然科学版), 2005, 28 (3): 95-97.

[131] 宗琦, 陆鹏举, 罗强. 光面爆破空气垫层装药轴向不耦合系数理论研究 [J]. 岩石力学与工程学报, 2005, 24 (6): 1047-1051.

[132] 梁为民, 杨小林, 褚怀保. 风火山隧道光面爆破盐水不耦合装药结构试验研究 [J]. 铁道工程学报, 2007 (5): 71-74.

[133] 蒲传金, 张志呈, 郭学彬, 等. 边坡开挖光面爆破对岩体损伤的影响分析 [J]. 矿业研究与开发, 2005, 25 (5): 68-71.

[134] 张学民, 阳军生, 刘宝琛. 层状岩体中近邻双线隧道爆破的振动响应研究 [J]. 湖南科技大学学报 (自然科学版), 2006, 21 (4): 70-74.

[135] 张成良, 李新平, 等. 损伤光面爆破参数确定及数值分析 [J]. 武汉理工大学学报, 2006, 28 (7): 86-89.

[136] 戴俊, 杨永琦. 损伤岩石周边控制爆破分析 [J]. 中国矿业大学学报, 2000, 29 (5): 496-499.

[137] 谢兴华. 煤矿建井中模糊光面爆破切割 [J]. 爆炸与冲击, 1998, 18 (3): 273-278.

[138] 王长友, 唐又驰, 刘涛. 光面爆破效果 BP 神经网络预测 [J]. 辽宁工程技术大学学报, 2005, 24 (1): 73-75.

[139] 蒲传金, 张志呈, 郭学彬. 模糊层次分析法在光面爆破效果评价中的应用 [J]. 化工矿物与加工, 2006 (2): 24-26.

[140] 刘春富, 陈炳祥. 弯山隧道的深孔光面爆破 [J]. 岩石力学与工程学报, 1998, 17 (1): 81-87.

[141] 耿茂兴. 三山岛金矿井下采场爆破采矿技术 [J]. 黄金, 1998 (3): 20-24.

[142] 王剑波, 原丕业, 齐永年. 不稳固采矿巷道光面爆破技术及应用 [J]. 化工矿物与加工, 2001 (1): 23-25.

[143] 汪齐全. 凤凰山铜矿成巷掘进中光面爆破参数的确定 [J]. 金属矿山, 2003 (10): 26-27.

[144] 邵鸿博. 正阳隧道光面爆破施工技术 [J]. 铁道工程学报, 2003 (2): 92-95.

[145] 肖木恩. 光面爆破技术在破碎岩体掘进中的应用 [J]. 矿业研究与开发, 2005, 25 (2): 78-79.

[146] 李长权, 闫文平, 曲长辉. 光面爆破技术在马头门施工中的应用 [J]. 黄金, 2007, 28

(11)：24-26.

[147] 戚克大. 光面爆破技术在祝源隧道开挖中的应用 [J]. 铁道建筑，2008 (6)：54-56.

[148] 李夕兵，凌同华，张义平. 爆破震动信号分析理论与技术 [M]. 北京：科学出版社，2009.

[149] 陈昌彦，王贵荣. 各类岩体质量评价方法的相关性探讨 [J]. 岩石力学与工程学报，2002，21 (12)：1894-1900.

[150] 王文星. 岩体力学 [M]. 长沙：中南大学出版社，2004.

[151] 康小兵，许模，陈旭. 岩体质量 Q 系统分类法及其应用 [J]. 中国地质灾害与防治学报，2008，19 (4)：91-95.

[152] 臧秀平，阮含婷，李萍. 岩体分级考虑因素的现状与趋势分析 [J]. 岩土力学，2007，28 (10)：2245-2248.

[153] 何娟. 应用数理统计 [M]. 武汉：武汉大学出版社，2005.

[154] 高惠璇. 应用多元统计分析 [M]. 北京：北京大学出版社，2005.

[155] 廖巍，徐海清，刘贵应. 岩体结构面组合对巷道围岩稳定性的影响 [J]. 安全与环境工程，2004，11 (2)：65-67.

[156] 靖洪文，李元海，许国安，等. 深埋巷道破裂围岩位移分析 [J]. 中国矿业大学学报，2006，35 (5)：565-570.

[157] 蒋金泉，曲华，刘传孝. 巷道围岩弱结构灾变失稳与破坏区域形态的奇异性 [J]. 岩石力学与工程学报，2005，24 (18)：3374-3379.

[158] 许兴亮，张农，徐基根，等. 高地应力破碎软岩巷道过程控制原理与实践 [J]. 采矿与安全工程学报，2007，24 (1)：52-55.

[159] 张勇，华安增. 巷道系统的动态稳定性研究 [J]. 煤炭学报，2003，28 (1)：22-25.

[160] 伍佑伦，王元汉. 不连续面激活与巷道围岩破坏区关系的探讨 [J]. 岩土力学，2007，28 (6)：1197-1200.

[161] 曾凡宇. 软岩及动压巷道失稳机理与支护方法 [J]. 煤炭学报，2007，32 (6)：573-576.

[162] 高延法，曲祖俊，牛学良，等. 深井软岩巷道围岩流变与应力场演变规律 [J]. 煤炭学报，2007，32 (12)：1244-1252.

[163] 贺永年，韩立军，邵鹏，蒋斌松. 深部巷道稳定的若干岩石力学问题 [J]. 中国矿业大学学报，2006，35 (3)：288-295.

[164] 苏永华，常伟涛，赵明华. 深部巷道围岩稳定的区间非概率指标分析 [J]. 湖南大学学报（自然科学版），2007，34 (7)：17-21.

[165] 赵继银，张传信. 构造应力场对深井巷道围岩稳定的影响 [J]. 金属矿山，2005 (5)：21-24.

[166] 孔恒，马念杰，王梦恕，等. 基于围岩动态监测与反馈的锚固巷道稳定控制 [J]. 岩土工程学报，2002，24 (4)：475-478.

[167] 赵海军，马凤山，丁德民，等. 采动影响下巷道变形机理与破坏模式 [J]. 煤炭学报，2009，34 (5)：599-604.

[168] 周传波，郭廖武，姚颖康. 采矿巷道围岩变形机制数值模拟研究 [J]. 岩土力学，2009，30（3）：654-658.

[169] 戴俊，钱七虎. 高地应力条件下的巷道崩落爆破参数 [J]. 爆炸与冲击，2007，27（3）：272-277.

[170] 常聚才，谢广祥. 深部巷道围岩力学特征及其稳定性控制 [J]. 煤炭学报，2009，34（7）：881-886.

[171] 高磊. 矿山岩体力学 [M]. 北京：冶金工业出版社，1979：84-87.

[172] GRADY D E, KIPP M E. Continuum modeling of explosive fracture in oil shale [J]. International Journal of Rock Mechanics and Mining Sciences and Geomechanics Abstracts, 1980, 17（2）：147-157.

[173] TAYLOR L M, CHEN E P, KUSZMAUL J S. Microcrack-induced damage accumulation in brittle rock under dynamic loading [J]. Computer Methods in Applied Mechanics and Engineering, 1986, 55（3）：301-320.

[174] 杨小林，王树仁. 岩石爆破损伤断裂的细观机理 [J]. 爆炸与冲击，2000，20（3）：247-252.

[175] 杨小林，员小有，等. 爆破损伤岩石力学特性的试验研究 [J]. 岩石力学与工程学报，2001，20（4）：436-439.

[176] 刘红岩，王根旺，等. 以损伤变量为特征的岩石损伤理论研究进展 [J]. 爆破器材，2004，33（6）：25-29.

[177] 杨军，金乾坤. 应力波衰减基础上的岩石爆破损伤模型 [J]. 爆炸与冲击，2000，20（3）：241-246.

[178] 杨军，王树仁. 岩石爆破分形损伤模型研究 [J]. 爆炸与冲击，1996，16（1）：5-10.

[179] 郭文兵，邓喀中，邹友峰. 岩层移动角选取的神经网络方法研究 [J]. 中国安全科学学报，2003，13（9）：69-73.

[180] 北京有色冶金设计研究总院. 采矿设计手册（矿床开采卷）[M]. 北京：中国建筑工业出版社，1987.

[181] 李伟. 基于粗糙集与神经网络的水质评价模型研究 [D]. 重庆：重庆大学，2008.

[182] 楼顺天，施阳. 基于 MATLAB 的系统分析与设计——神经网络 [M]. 西安：西安电子科技大学出版社，2000.

[183] SINGH V K, SINGH D, SINGH T N. Prediction of strength properties of some schistose rocks from petrographic properties using artificial neural networks [J]. International Journal of Rock Mechanics & Mining Sciences, 2001, 38（2）：269-284.

[184] 张亚平. 基于粗糙集和神经网络的数据分类技术研究 [D]. 大连：大连理工大学，2007.

[185] 罗建华. 基于粗糙集与神经网络的数据分类研究及应用 [D]. 大连：大连理工大学，2008.

[186] 王艳辉，蔡嗣经，宋卫东. 基于人工神经网络的地下矿山岩层移动研究 [J]. 北京科技大学学报，2003，25（2）：106-109.

［187］麻凤海，施群德．地表沉陷变形的非线性研究［J］．中国地质灾害与防治学报，2000，11（4）：15-18.

［188］张勇．粗糙集-神经网络智能系统在浮选过程中的应用研究［D］．大连：大连理工大学，2005.

［189］邱汇慧．基于 BP 神经网络的 OCR［D］．上海：华东师范大学，2008.

［190］朱大奇，史慧．人工神经网络原理及应用［M］．北京：科学出版社，2006.

［191］罗晓曙．人工神经网络理论·模型·算法与应用［M］．桂林：广西师范大学出版社，2005.

［192］乔斌．粗糙集理论分层梯阶约简算法的研究［D］．杭州：浙江大学，2003.

［193］苗夺谦，李道国．粗糙集理论、算法与应用［M］．北京：清华大学出版社，2008.

［194］樊琨，刘宇敏，张艳华．基于人工神经网络的岩土工程力学参数反分析［J］．河海大学学报（自然科学版），1998，26（4）：98-102.

［195］易小明，陈卫忠，李术才，等．BP 神经网络在分岔隧道位移反分析中的应用［J］．岩石力学与工程学报，2006，25（supp. 2）：3927-3932.

［196］解世俊．金属矿床地下开采［M］．北京：冶金工业出版社，2008.

［197］刘波，韩彦辉．FLAC 原理、实例与应用指南［M］．北京：人民交通出版社，2005.